100배
즐기기

앙코르와트

ANGKOR WAT

씨엠립
톤레 삽
앙코르 톰

김준현 지음

KB058643

RHK
알에이치코리아

김준현

다른 나라에서의 삶, 그리고 여행과 관련한 모든 것을 체험하고 뜯어보고 분석하는 일을 좋아한다. KAIST에서 산업경영을 전공하고 소프트웨어 벤처기업에서 근무했으며, 대학원에서는 사회복지학을 공부했다. 저서로는 《라오스 100배 즐기기》, 《프렌즈 말레이시아》, 《발리 홀리데이》, 《터키 100배 즐기기》, 《중남미 100배 즐기기》가 있다.

"아시아에서 죽기 전에 봐야 할 단 하나의 유적!

시간을 초월한 위대한 유적을 만든 인간과 그것을 다시 시간 속으로 되돌리고 있는 자연의 힘에 감탄과 경외감이 드는 곳."

저는 제 주변 사람들에게 앙코르와트를 설명할 때 이렇게 말합니다.

앙코르와트와 그 주변 유적들은, 도시 문명이 몸 깊숙하게 배어 있는 현대인들에게도 마치 영화 속 탐험가의 기분을 느끼게 해주는 세상에 몇 안 되는 곳이기도 합니다.

이 책은 씨엠립과 앙코르 유적을 처음 방문하는 분들을 위한 책입니다.

처음 들어보는 복잡한 왕의 이름들에 헷갈리지 않고,

반복되는 연도 숫자에 매몰되지 않고,

각기 다른 유적들의 개성과 유적이 주는 필링을 잘 전달해 드리기 위해서,

앙코르 여행을 앞둔 친구나 가족, 후배들에게 하나하나 차분하게 설명하는 기분으로 글을 썼습니다.

그리고 여러분들이 앙코르와트에 다녀온 후 다시 이 책을 보았을 때, 그때의 추억에 잠길 수 있도록 세심하게 사진을 찍고 골랐습니다.

여러분들에게도 앙코르와트가 가슴 속에 품은 '인생 단 하나의 유적'이 되기를 바라봅니다.

일러두기

이 책에 실린 정보는 2019년 4월까지 수집한 정보를 바탕으로 하고 있습니다. 현지의 물가와 여행 관련 정보는 이후에 변동이 있을 수 있습니다. 또한, 씨엠립에서는 교통수단과 물건의 가격이 협상에 의해 결정되는 경우가 많습니다. 책에서 제시한 가격은 참고용으로만 활용하는 것이 좋습니다.

책에 나오는 지명과 인명은 영문으로 표기하고 볼거리와 지역 이름은 현재 우리나라 여행자들 사이에서 가장 많이 통용되고 있는 발음을 따랐습니다. 다만, 씨엠립은 동남아시아의 여느 도시들보다 영어 소통이 원활한 곳이기 때문에 캄보디아어를 따로 쓸 일이 별로 없습니다. 하지만, 현지인들의 영어 발음과 악센트를 처음에는 알아듣기 힘들 수도 있습니다.

김준현 *way4us@gmail.com* / 알에이치코리아 여행출판팀 *hjko@rhk.co.kr*

※ 이 책에 소개한 숙소와 식당은 모두 작가가 직접 비용을 지불하고 체험한 곳입니다. 숙박해 보지 않고 조사만 한 숙소나 먹어보지 않고 추천한 식당은 없습니다. 공정한 평가를 위해 일체의 협찬은 받지 않았습니다.

본문 보는 방법

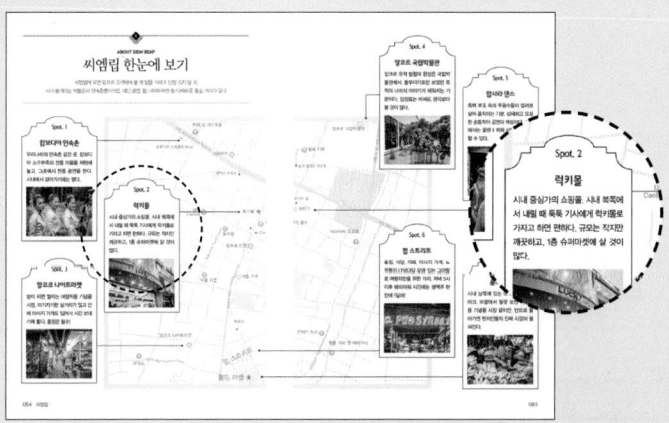

● '한눈에 보기'에서는 여행지에 대한 개괄적인 설명과 함께 대표 볼거리를 지도 위에 표시하여 내 취향에 맞는 여행지를 찾고 전체적인 일정을 짜는 데 도움을 줍니다.

● '가는 방법과 시내 교통'에서는 여행자들이 현지에서 헤매지 않고 편하게 다닐 수 있도록 다양한 교통 정보를 상세하게 안내합니다.

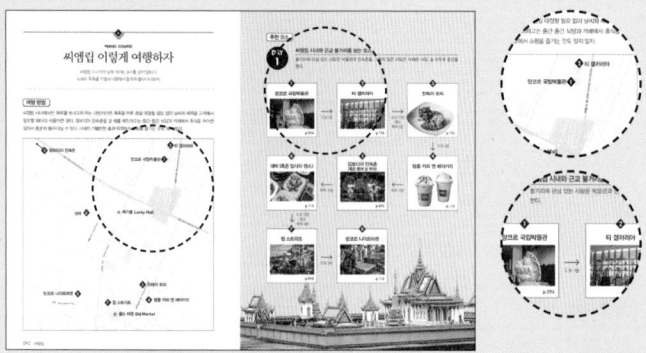

● '이렇게 여행하자'에서는 가장 효율적으로 여행지를 둘러볼 수 있는 최적의 코스를 간단한 동선 지도와 사진으로 알기 쉽게 소개합니다.

● 본문 제목 앞에는 어떤 장소인지 쉽게 구분할 수 있도록 아이콘을 넣었습니다. 또한, 조금 더 설명이 필요한 부분은 팁과 줌인 박스를 이용하여 더욱 풍성한 정보를 실었습니다.

● 본문에서 미처 다루지 못한 특별한 볼거리, 먹을거리, 즐길거리 등은 '스페셜'에서 조금 더 자세하게 소개합니다.

지도 보는 방법

● 해당 도시 앞부분에 지도를 배치하고, 스폿과 페이지를 연동하여 쉽고 빠르게 찾아볼 수 있습니다.

이 책의 지도에는 다음과 같은 기호를 사용하고 있습니다.

| 🏛 볼거리 | 🍴 음식점 | 🎭 엔터테인먼트 | 🛍 쇼핑 | 🏠 숙소 | ● 유적 및 기타 볼거리 |

CONTENTS

PART 1

인사이드 앙코르와트

PART 2

앙코르와트 FAQ

PART 3

여행 시작하기

PART 4
지역 가이드

PART 5
여행 준비하기

Angkor Thom, West Gate

Young Monks, Banteay Kdei

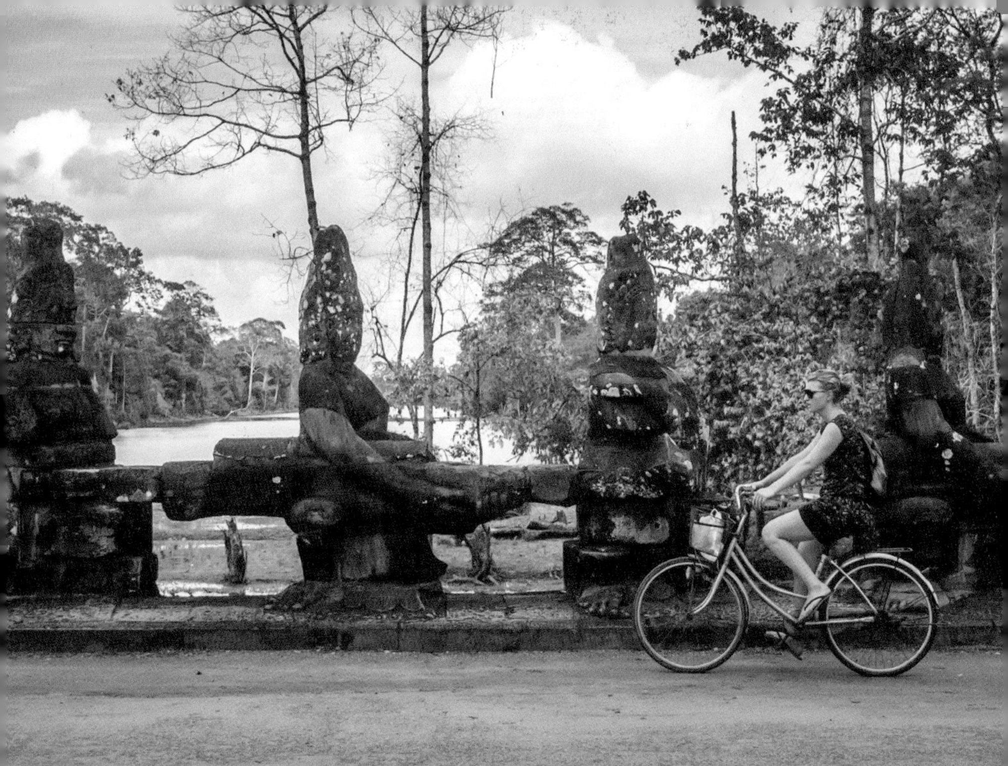

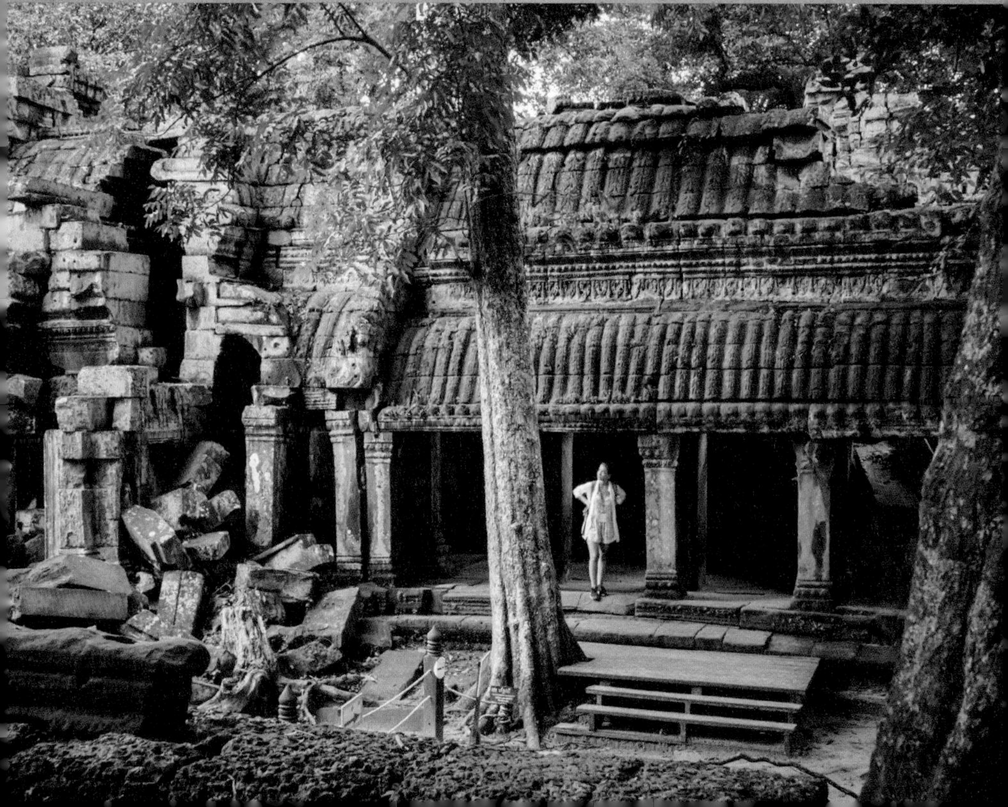

Bayon Temple, Angkor Thom

INSIDE
ANGKOR WAT

PART

1

인사이드 앙코르와트

캄보디아 기초 정보

씨엠립

캄보디아 씨엠립 주의 수도.
고대 크메르 왕국의 중심지로
앙코르와트 등 유적지가 있다.
위치 수도 프놈펜에서 북쪽으
로 약 300km **인구** 약 15만 명

국명 캄보디아

인도차이나반도에 위치한 동남아시아 국가로, 정식
국명은 캄보디아 왕국(Kingdom of Cambodia)이고
현지에서는 크메르라고 한다. 동쪽으로는 베트남, 북
쪽으로는 태국, 라오스와 국경을 마주하고 있다.

인구 1,600만 명

2018년도 기준 약 1,600만 명으로 추산된
다. 크메르족이 90%로 대부분을 차지하
고 있으며, 베트남인, 중국인, 참족, 고산
족 등이 소수 민족을 이루고 있다.

면적 181,035km²

약 181,035km²로 대한민국의 1.8배 정
도의 크기다. 길이로 보면 남북으로
450km, 동서로 580km 정도이다.

언어 크메르어

공식 언어로 크메르어와 문자를
사용한다. 현지 발음은 크마에.
1953년까지 프랑스 식민지였기 때
문에 나이 든 사람 중에는 프랑스
어를 아는 사람들이 많다. 영어도
많이 쓰고 있으며 중국어, 태국어
를 사용하기도 한다.

수도 프놈펜

프놈펜 Phnom Penh으로 약 220만
명의 인구가 사는 정치, 문화, 경제,
교통의 중심지다.

기후 열대 몬순기후

동남아시아의 다른 국가들과 마
찬가지로 고온 다습한 열대 몬순
기후이다. 건기(11~4월)와 우기
(5~10월)가 있다.

1인당 GDP 1,400달러

캄보디아는 세계에서 가장 가난한 국가 중 하나로 1인당 GDP가 1,400달러가 되지 않는다. 다행히 2017년부터는 최하위 개발 국가에서 겨우 졸업한 상태. 농업이 가장 비중 있는 산업이며, 최근 관광산업의 빠른 성장으로 경제 성장률은 높은 편이다.

정치 입헌군주국

입헌군주국이라 국왕이 있으며, 정부 형태는 의원내각제로 실질적인 정치는 총리가 하고 있다.

종교 소승불교

인구 대부분이 소승불교를 믿는다. 그밖에 이슬람교, 기독교, 힌두교 신자들은 3~4% 정도 소수를 이룬다.

비자 발급 필수

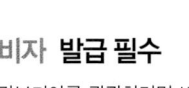

캄보디아를 관광하려면 비자를 발급받아야 한다. 관광용 비자를 발급받으면 1개월 동안 유효하며, 1회에 한해 1개월 연장할 수 있다. 공항에 도착한 후에 발급받으면 된다. 6개월 이상 남은 여권, 사진 1매와 비자 발급비 30달러가 필요하다 (12세 이하 어린이도 비자 발급을 신청해야 한다. 단, 비자 발급비는 면제).

통화 리엘(Riel)

공식 통화는 리엘(Cambodian Riel, KHR). 톤레 삽 호수에서 많이 잡히는 민물고기의 이름을 따왔다. 달러도 함께 통용되며 공식 환율은 1달러당 약 4,000리엘

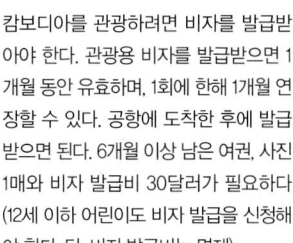

시차 2시간 차이

한국과는 2시간 차이가 난다. 한국이 오전 10시일 때 캄보디아는 2시간 빠른 오전 8시다. 태국, 베트남, 라오스와 같은 시간대에 속한다. 서머타임은 없다.

전압 220V / 50Hz

캄보디아의 전압은 220V / 50Hz로, 한국에서 가져간 제품을 그대로 사용할 수 있디. 플러그는 Type A, C, G 등 다양한 방식을 함께 사용하는데, 우리나라에서 쓰는 Type C, F형 플러그를 사용할 수 있기 때문에 멀티 어댑터가 따로 필요 없다.

전화 국가번호 855

현지 심카드를 구입해서 데이터와 통화 모두 사용할 수 있다.

SIGHTSEEING 01

앙코르 유적 베스트 볼거리 8

앙코르와트의 1층 회랑

앙코르와트를 둘러싸고 있는 1층 회랑에는 힌두교 신화와 왕의 영웅담을 그린 부조가 새겨져 있다. 약 850m의 벽면을 빼곡하게 채운 생생한 조각들은 세상에서 가장 크고 신성한 그림책이라고 할 수 있다.

앙코르와트의 중앙 신전

앙코르와트에서 가장 신성한 공간으로 왕과 승려들만 출입할 수 있던 곳이다. 5개의 탑이 거대한 연꽃 봉우리처럼 우뚝 솟아 있다. 중앙 성소에 올라 창밖을 바라보면 마치 신의 세계에 서서 인간 세상을 내려다보는 기분이 든다.

앙코르 톰의 남문

앙코르와트가 하나의 사원이라면, 앙코르 톰은 유적들이 모여 있는 커다란 도시다. 앙코르 톰으로 들어가는 남쪽 입구에는 신과 아수라들이 다리 난간이 되어 서 있고, 문을 지나가려면 커다란 관세음보살의 얼굴과 마주해야 한다.

바욘 사원의 얼굴 조각상

일명 '앙코르의 미소'라고 불리는 바욘 사원의 얼굴 조각상들은 117가지의 각기 다른 표정을 가지고 있다. 코너를 지날 때마다 새롭게 다가오는 미소 짓는 얼굴들은 방문자들의 마음을 무장해제 시킨다.

반티에이 스레이의 데바타 부조

반티에이 스레이를 보려면 1시간이나 가야 하지만, 이 핑크빛 사원은 충분히 그럴 만한 가치가 있다. 앙드레 말로가 훔쳐서라도 프랑스로 가져가고 싶어 했던 아름다운 사원의 문지기, 데바타 부조가 있기 때문이다.

프레아 칸의 2층 건축물

앙코르 유적들이 다 비슷비슷하다고 느꼈더라도 프레아 칸의 2층 건축물을 보는 순간 그 인식의 틀이 깨지게 된다. 프레아 칸이 뜻하는 '신성한 검'을 보관한 것으로 여겨지는 이 건물은 마치 유럽 고대 문명의 신전을 닮았다.

타 프롬의 나무

조그만 벽돌 틈 사이에서 자라난 타 프롬의 나무들은 이제 유적을 움켜쥐고 기둥과 지붕을 조금씩 무너뜨리고 있다. 인간은 자연을 이길 수 없다는 진리와 눈으로 볼 수 없는 시간의 허무함을 스펙터클한 광경으로 보여준다.

앙코르 유적의 압사라 부조

압사라는 힌두교와 불교 신화 속에 등장하는 물과 구름의 요정. 천상의 존재였던 그들은 땅으로 내려와 크메르 제국을 위해 춤을 추는 무희가 되었다. 앙코르와트를 비롯하여 타 프롬, 프레아 칸 등 유적의 부조를 통해 만날 수 있다.

SIGHTSEEING 02

앙코르 · 씨엠립 버킷리스트 8

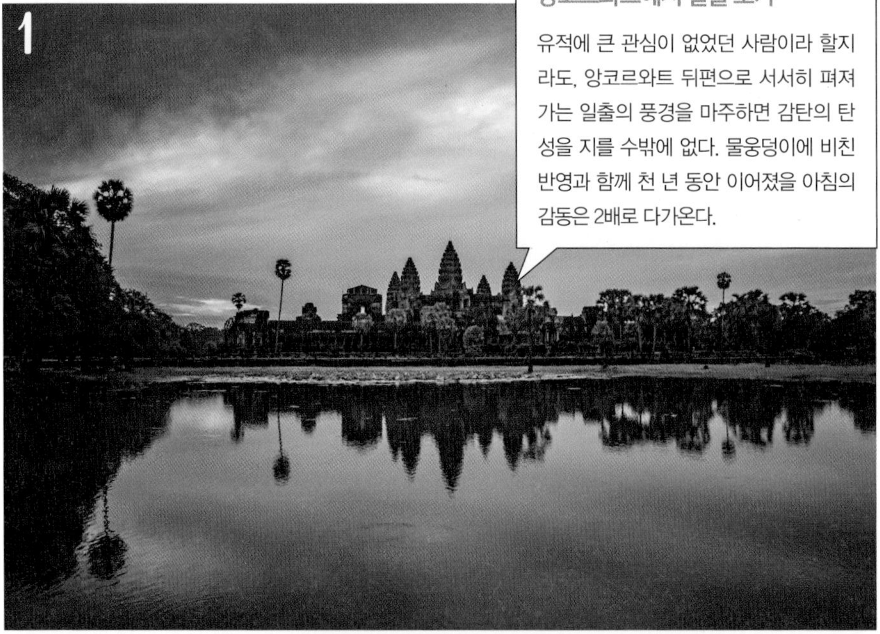

1

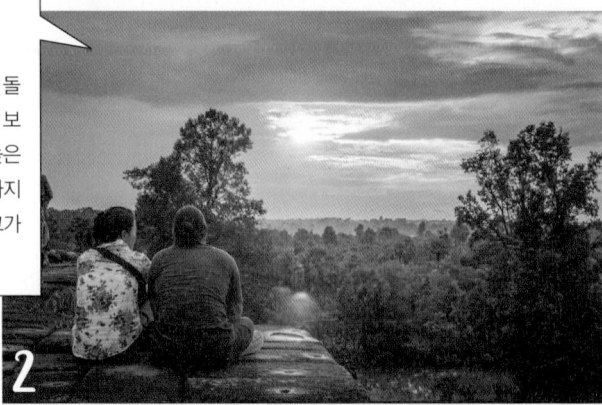

앙코르와트에서 일출 보기

유적에 큰 관심이 없었던 사람이라 할지라도, 앙코르와트 뒤편으로 서서히 펴져가는 일출의 풍경을 마주하면 감탄의 탄성을 지를 수밖에 없다. 물웅덩이에 비친 반영과 함께 천 년 동안 이어졌을 아침의 감동은 2배로 다가온다.

앙코르 유적에서 일몰 보기

하루 종일 더위와 싸우며 유적을 돌아다니느라 모두가 힘든 하루를 보냈다. 저녁 무렵 사원의 가장 높은 성소에 올라 밀림 뒤편으로 사라지는 해를 보고 있으면 하루의 노고가 저절로 사라지는 기분이다.

2

톤레 삽 호수의 수상 마을 방문하기

평생을 물 위에 떠 있는 집에서 사는 사람들이 있
다니. 직접 눈으로 보기 전에는 믿기지 않는 광경
이다. 집, 사람들, 반려동물, 가축, 학교, 식당, 교회
이 모든 것들이 경상도보다 큰 호수 위에 떠 있다.

민속촌 전통 공연 관람하기

뻔하지만 의외로 재미를 주는 곳이 바로 그 나라
의 민속촌이다. 씨엠립에서는 보기 힘든 캄보디아
소수 민족의 전통 가옥 앞에서 떠들썩한 웃음이
함께하는 이색적인 공연이 벌어진다.

5

압사라 댄스 보러 가기

흑백의 조각 속에서만 존재하던 압사라들이 살아 움직인다. 화려한 색상의 옷을 입고 작지만, 섬세한 손놀림을 보여주는 무희들은 유네스코 세계 무형 문화유산으로 인정받았다.

펍 스트리트에서 한 잔 하기

낮이면 한산하다가 해가 지면 불을 밝히는 오직 여행자들만을 위한 거리에는 술집, 카페, 마사지 가게들이 다닥다닥 붙어 있다. 시원하고 저렴한 생맥주 한 잔을 앞에 두고 느긋하게 사람 구경하는 재미가 있다.

나이트 마켓에서 쇼핑하기

돌아가면 선물해야 할 사람이 없더라도, 캐리어가 작아서 뭔가 살 마음이 없더라도, 씨엠립의 나이트 마켓은 씨엠립에서 저녁 시간을 보내기에 가장 적당한 곳이다.

6

매일 저렴한 마사지 받기

하루 종일 고생한 내 다리를 위한 시간. 마사지로 유명한 태국에 비하면 한참 모자란 실력이지만, 저렴한 가격 덕분에 1일 1마사지가 부담스럽지 않다.

인물로 보는 앙코르 제국

우리나라 역사에서 훌륭한 왕으로 칭송받는 세종대왕이나 선덕여왕이라 하더라도 외국 여행자들에게는 이름조차 외우기 어려운 남의 나라 왕일 뿐. 하지만, 그들의 업적을 조금이라도 이해하려고 노력한다면 그 나라가 달라 보일 수 있다. 여기에 소개하는, 앙코르 제국을 이해하는 데 꼭 필요한 4명의 인물을 알고 나면 앙코르 유적이 더욱 친근하게 다가올 것이다.

① 자야바르만 7세 Jayavarman YII (재위 1181~1218)

"크메르 제국에서 '건축과 유적의 왕'으로 불리는 인물"

왕이 된 것은 60대 이후로 상당히 늦게 왕위에 올랐는데, 이후 30년 동안 영토를 확장하고 건축과 건설 면에서 제국 최고의 부흥을 이끄는 눈부신 성취를 거두었다. 두 부인의 영향으로 불교를 받아들이고 자신도 신자가 되었으며 많은 불교 사원들을 만들었다. 자신의 얼굴을 부처로 묘사한 거대한 조각으로 바욘 사원을 장식하고, 타 프롬에는 자신의 어머니를 부처의 어머니 형상으로 만들어 모시기도 했다. 또한, 여러 개의 신전과 건축물로 이루어진 거내 노시 앙코르 톰을 재건하고 시 바깥으로 통하는 도로를 확장했다. 불교 신자인 만큼 빈민구제에 관심이 많아서 많은 병원을 세운 것도 이채롭다. 캄보디아가 후대에 불교 국가가 되면서 국민 영웅으로 추대받게 되었는데, 우리나라의 세종대왕과 같은 존경을 받고 있다.

1 자야바르만 7세의 조각상, 프놈펜의 캄보디아 국립박물관 2 자야바르만 7세의 얼굴을 닮은 바욘 사원의 얼굴상

Talk

자야바르만 7세는 문둥왕?

크메르 제국에서 가장 위대한 왕으로 평가받는 자야바르만 7세가 사실 나병(한센병) 환자였다는 설이 있다. 그가 참파 왕국(당시 베트남 중부 위치)과의 전투에서 한센병 환자의 피를 뒤집어쓰고 병에 걸렸으며, 많은 불교 사원을 건설한 것은 병을 불교의 힘으로 고치기 위해서였고, 병원을 많이 만든 것도 자신이 병자였기 때문이라는 이야기다. 그가 건축한 앙코르 톰의 테라스 위에 코, 손, 발이 무너진 조각상이 발견되었는데, 현재 이곳을 '문둥왕 테라스'라고 부르고 있다.

문둥왕 테라스의 조각상

자야바르만 7세의 건축물들

앙코르 톰과 바온 사원
Angkor Thom p.164

앙코르와트를 능가하는 규모의 유적 도시. 자야바르만 7세가 1181년에 건축했다. 총 12km의 성벽으로 둘러싸인 정사각형 모양으로 그 중심에 왕궁터와 바온 사원이 있다.

타 프롬 Ta Phrom p.196

영화 〈툼 레이더〉에서 라라 크로프트가 탐험하던 그곳. 왕이 자기 어머니를 위해 세운 불교 사원이다. 유적의 벽돌 사이를 헤집고 자라나는 스펑 나무들 때문에 한층 신비한 분위기를 풍긴다.

프레아 칸 Preah Khan p.215

자야바르만 7세는 자신의 아버지를 위해서 프레아 칸을 세웠다. 타 프롬이 여성적인 느낌을 준다면 프레아 칸은 강렬한 이미지의 가루다상과 문지기상, 웅장한 2층 구조물 덕분에 한층 남성적이다.

반티에이 크데이 Banteay Kdei p.202

타 프롬 옆에 위치한 불교 사원. 타 프롬에 비해 방문하는 사람이 적고, 복원은 최소한만 해둔 상태여서 한적한 분위기 속에서 탐험하는 기분을 느낄 수 있다.

니악 포안 Neak Pean p.220

모양은 인공 연못 위에 세워진 불교 사원 형태를 띠고 있지만 사실 이곳은 신성한 물을 이용해 병을 치료하는 병원이었다.

타 솜 Ta Som p.222

앙코르 톰 남문에서 봤던 사면관음상이 있는 고푸라가 타 프롬에서 봤던 스펑 나무를 만나면 어떤 모습일까? 그 해답이 이곳에 있다.

수리야바르만 2세 Suryavarman II (재위 1113~1145)

"세계 최대의 종교 건축물, 앙코르와트를 만든 크메르 제국의 왕"

앙코르와트 건축을 지시하는 수리야바르만 2세

수리야바르만이란 의미는 '태양의 보호자'라는 뜻이다. 1113년 왕위에 올라 제국을 확장하고 지금의 베트남 영역까지 통합해서 크메르 제국의 전성기를 열었다. 또, 한 가지 중요한 점은 그전 왕까지 번성했던 불교가 아니라, 비슈누 신을 모시는 힌두교로 대대적인 종교 개혁을 이루었다는 것이다. 그래서 앙코르와트는 비슈누에게 바치는 신전이 되었으며, 신전 곳곳에서 수리야바르만 2세를 비슈누로 묘사한 부조들을 볼 수 있다. 이집트의 가장 강력한 파라오였으며 아부심벨을 비롯한 신전 곳곳에 자신의 조각상과 부조를 배치했던 람세스 2세를 여러모로 닮았다.

앙코르와트 1층 회랑 부조 속의 수리야바르만 2세

3 주달관 周達觀 (1266~1346)
"생생한 크메르 제국 여행기 《진랍풍토기》의 저자"

주달관은 원나라 사신으로 진랍국(앙코르 제국)
에 파견되어 1296년 8월부터 1년간 머물면서 자
신이 본 크메르 제국에 대한 상세한 기록을 남겼
다. 내용은 정치, 경제, 사회 전반을 다루는데, 특
히 당시 크메르인들과 화교의 생활 묘사가 상세
하다. 그의 여행기는 크메르 제국을 묘사한 유일
한 사료로서 후대에는 학자마다 원문을 다양하게
해석하는 경향이 있지만, 그가 없었다면 현재의
앙코르 유적을 이해할 수 없었을 것이다.

주달관 밀납인형, 캄보디아 민속촌

4 앙리 무오 Henri Mouhot (1826~1861)
"정글에 묻혀 있던 앙코르와트를 세상에 알린 탐험가"

1860년 앙코르 지역을 방문하고 유적에 대한 기록을 남겼으나 라오스의 밀림에서 죽었다. 조수에 의해 그의 글이
1861년 프랑스 잡지 〈세계회유〉에 실리고 1868년 《시암과 캄보디아 탐험》이라는 책으로 나오면서 세상에 알려졌다.
그의 전에도 앙코르 유적을 방문한 많은 선교사가 있었고 중국 사절들이 앙코르에 대해 언급했지만, 세계적으로 유
명하게 만든 것은 오로지 그의 업적이다. 맹수와 독충이 우글거리는 정글에서의 혹독한 생활과 앙코르 유적 발견
당시의 감동을 글로 자세하게 묘사했을 뿐만 아니라 지금 봐도 사진만큼 생생한 스케치로도 남겼다.

앙코르와트의 북쪽면, 앙리 무오의 스케치

앙코르 유적을 이해하기 위한 필수 키워드

더운 날씨를 무릅쓰고 힘들게 찾은 앙코르 유적. 앙코르 유적을 보고 더 많은 감동을 느끼기 위해서는 약간의 공부가 필요하다. 우리에게는 익숙하지 않은 힌두교 신화를 기반으로 만들어진 세계이기 때문이다. 앙코르 유적을 보다 보면 반복적으로 등장하는 단어들을 통해서 무채색의 벽돌과 부조에 생명력을 불어 넣어줄 화려한 이야기들을 만나보자.

① 비슈누
Vishnu

창조의 신 브라흐마, 파괴의 신 시바와 함께 힌두교 3대 신 중의 하나. 평화의 신이자 질서의 보호자로 '만물에 스며들다'라는 어원에서 나왔다. 신화 속에 나타난 가장 일반적인 모습은 푸른색 얼굴을 한 남성의 모습으로, 네 손에 고동, 원반, 철퇴, 연꽃을 들고 있다. 그러나 세상의 질서가 문란해질 때는 10가지 다른 모습으로 나타나 세상을 구원한다. 힌두교의 신들 가운데 가장 자비로우며 세상을 구세하는 신으로, 비슈누 신을 숭상하는 비슈누파가 있다.

앙코르와트 입구, 신하의 문 안에 서 있는 비슈누상

Tip

비슈누의 10가지 화신 이름

마츠야, 쿠르마, 바라하, 나라싱하, 바마나, 파라슈라마, 라마, 크리슈나, 붓다, 칼킨

1-1 ▶ 락슈미 Lakshmi

비슈누의 배우자이자 부와 행운의 여신으로, 우유 바다 젓기에서 탄생했다. 또한, 연꽃의 여신으로 보통 연꽃 위에 서 있는 것을 볼 수 있다. 비슈누가 10가지 모습으로 환생할 때마다 그녀도 각기 다른 이름으로 환생한다.

1-2 ▶ 가루다 Garuda

비슈누가 타고 다니는 신조, 보통 사람의 몸에 독수리의 머리, 날개, 다리를 가진 것으로 묘사한다. 동남아시아에서는 가루다의 동상이나 이미지를 자주 볼 수 있는데, 특히, 태국과 인도네시아는 국가 문장에도 사용한다.

인도네시아 국가 문장 속의 가루다

2 라마야나
Ramayana

2-1 ▶ 라마 Rama

인도 왕국의 왕자로 비슈누의 일곱 번째 화신으로 여겨진다. 왕이 될 운명이었으나 다른 왕자를 왕위에 오르게 하려는 어머니에게 모함을 당하고, 사랑하는 아내를 잃는 시련을 겪어야만 했다. 활을 잘 쏘기 때문에 대부분 활을 들고 있는 모습으로 묘사된다.

그리스의 《일리아스》나 《오디세이아》에 견줄 수 있는 인도를 대표하는 대서사시로 '라마 왕의 일대기'라는 뜻. 자신의 아내 시타를 악마에게 납치당한 라마 왕자가 원숭이 군대와 함께 악마의 군대와 싸워 이긴 후 왕위에 오르는 파란만장한 이야기를 담고 있다. 이야기의 시작은 기원전 3세기 이전으로 추정되며, 총 7권으로 되어 있다. **앙코르와트 1층 회랑의 부조에서 라마야나 속의 핵심 사건인 '랑카의 전투'를 볼 수 있다.** 인도네시아, 태국, 라오스 등 동남아시아 국가의 전통 공연에서 빠지지 않고 등장하는 주요 레퍼토리 중 하나다.

2-2 시타 Sita

라마의 왕자비로, 비슈누의 아내인 락슈미의 화신으로 여겨진다. 라마가 랑카의 전투에서 승리한 후 시타를 되찾았으나, 자신을 의심하는 라마에게 순결을 증명하기 위해 스스로 불길로 뛰어들었다. 이후 정절의 화신이 된다.

자신을 납치한 라바나 왕에게 유혹당하는 시타, 전통 공연 장면

2-3 하누만 Hanuman

라마야나 이야기에 나오는 원숭이 영웅. 라마는 원숭이의 왕인 수그리바에게 도움을 청하고, 이에 장군이었던 하누만도 전쟁에 참여한다. 라마의 충실한 심복으로 라마야나 속에서 비중이 매우 높다. **손오공의 원형**으로 여겨진다.

3 우유 바다 젓기

바수키의 몸통을 붙잡고 우유 바다를 휘젓는 신들의 모습, 앙코르 톰 남문

크메르 문명의 창세신화 중 하나로 신(데바)과 악마(아수라)가 불로장수의 영약, 암리타를 얻기 위해 천 년 동안 우유의 바다를 휘저었다는 이야기를 담고 있다. 이때 우주의 중심인 메루산을 축으로 삼고, 거대한 뱀이자 용인 바수키를 감은 후, 신과 악마가 양쪽에서 서로 줄다리기하듯이 당겨야 했다. 암리타가 나오기 전에 달, 생명의 어머니인 암소, 술의 여신. 머리 셋 달린 코끼리 그리고 천상의 무희 압사라가 세상으로 튀어나왔다. **앙코르와트 1층 회랑의 부조와 앙코르 톰 남문의 다리에서 볼 수 있다.**

메루산을 형상화한 앙코르와트의 중앙 성소

3-1 메루산

세상의 중심에 솟아 있는 산으로, 신들이 거주하는 곳. 실제로는 히말라야의 산을 모델로 하고 있으며 불교의 수미산과 같은 곳이다. 앙코르 유적의 중심에 있는 중앙 성소는 메루산을 형상화하고 있다.

3-2 압사라 Apsara

힌두교 신화에 등장하는 구름과 물의 요정. 우유 바다를 휘저어서 생긴 거품 속에서 6억 명의 압사라가 탄생했다. 천상의 무희로서 비슈누와 시바에게 경배를 드리며 신을 즐겁게 하는 춤을 추었는데, 나중에는 왕족을 위한 무희를 의미하게 되었다.

3-3 나가 Naga

힌두 신화에 등장하는 반신격인 뱀. 우유 바다 젓기에 밧줄로 쓰인 바수키가 바로 나가다. 보통 머리가 여러 개 달린 모습이며, 앙코르 건축에서는 다리의 난간의 형태로 자주 형상화된다. 비슈누가 타고 다니는 새의 신 가루다와 천적 관계이다.

EATING 01

씨엠립의 음식 베스트 10

전 세계 여행자들이 찾는 씨엠립인 만큼 그들을 만족시킬 다양한 음식들이 기다리고 있다. 특히, 씨엠립에 정착한 외국인들이 운영하는 레스토랑에서는 본토의 맛도 기대할 수 있다. 씨엠립에 오면 꼭 먹어봐야 할 베스트 음식을 소개한다.

【 가성비 좋은 】프랑스 요리와 디저트

씨엠립에 오면 프랑스 요리를 맛봐야 한다. 프랑스 가정식 전채에서 먹음직스러운 스테이크 그리고 모양까지 예쁜 디저트까지 풀코스로 즐긴다. 지갑을 확인하면 더욱 만족스럽다.

▌찾아갈 곳 　**라넥스** p.108

【 진짜 이탈리아식 】화덕 피자

에어컨도 없는 골목 식당에 여행자들이 몰리는 이유. 화덕에 구워 쫀득하고 맛있는 피자가 있기 때문이다. 재료를 아끼지 않은 피자와 파스타는 식사로도, 안주로도 훌륭하다.

▌찾아갈 곳 　**일 포르노** p.107

【 속 풀리는 】아침 쌀국수

지난 밤 친구들과 펍 스트리트에서 진하게 회포를 풀었다면, 아침에 일어나서 시원하게 속을 풀 곳이 필요하다. 시원하고 구수한 쌀국수 한 그릇이면 해결된다.

▌찾아갈 곳 　**톤레 삽 레스토랑** p.106

【 무한 리필 】삼겹살&돼지갈비

씨엠립에는 단돈 7천 원에 삼겹살이나 돼지갈비를 무한 리필로 먹을 수 있는 식당이 있다. 함께 나오는 찌개와 반찬도 정갈하고 막걸리와 소주도 우리나라 식당 가격으로 판다.

▌찾아갈 곳 　**대박** p.110

【 분위기 살리는 】 애프터눈 티 세트

땀에 절어서 유적들을 헤집고 다니다 보면 절대적인 휴식이 필요하다. 늦은 오후, 고급스러운 카페에서 차 한 잔과 즐기는 하이티 세트는 여행의 여유를 돌려준다.
찾아갈곳 참파 카페 p.118

【 기분 좋아지는 】 브런치

바글바글한 외국인 여행자들 틈에 끼어서 먹는 브런치는 점차 여행자들의 필수 코스로 자리 잡고 있다. 예쁜 플레이팅은 눈으로 즐기고, 좋은 재료로 만든 음식은 맛으로 즐긴다. **찾아갈곳 시스터 스레이 카페** p.111

【 제대로 내린 】 커피 한 잔

스타벅스가 살아남지 못할 만큼 수준 높은 커피 문화를 가진 호주식 커피를 씨엠립에서 만난다. 제대로 내린 플랫 화이트와 숏 블랙을 맛볼 수 있다.
찾아갈곳 리틀 레드 폭스 p.114

【 진짜 】 열대 과일주스

과일주스는 설탕을 잔뜩 넣어야만 맛있다고 생각했다면 오산이다. 망고, 파파야, 리치, 패션프루트 등 열대 과일들을 충분히 넣으면 눈이 번쩍 떠지게 맛있는 과일주스가 만들어진다. **찾아갈곳 더 하이브 카페** p.115

【 입가에 미소 가득 】 젤라토

새로운 도시에 가서 맛있는 아이스크림부터 찾는 덕후라면 씨엠립을 기대해도 좋다. 우유, 설탕, 과일 모두 좋은 재료를 사용하고 제대로 만든 젤라토가 기다리고 있다. **찾아갈곳 젤라토 랩** p.116

【 더위가 싹 가시는 】 망고 빙수

30도가 넘는 더위 속에서 유적 안을 헤집고 다니느라 힘들었다면, 시원하고 달콤한 망고 빙수 한 입이 약이 된다. 직접 만든 다양한 맛의 캄보디아 쿠키를 살 수 있는 것은 덤. **찾아갈곳 카페 푸카푸카** p.117

EATING 02

꼭 맛봐야 하는 크메르 요리

캄보디아 요리를 흔히 크메르 요리라고 부르는데, 경제가 낙후된 탓에 음식 문화 역시 크게 발달하지는 못했다. 쌀을 주식으로 먹으며, 재료와 향신료는 지배국이었던 프랑스와 주변국인 태국, 베트남, 중국의 영향을 많이 받았다. 또한, 민물 생선으로 만든 젓갈인 '쁘로혹'이 어디에나 빠지지 않는 것이 특징. 우리에게 익숙한 맛은 아니지만, 한번 먹어보면 입맛 당기는 풍미에 반하게 된다.

아목 Amok

크메르 음식을 소개할 때 빠지지 않고 나오는 대표 요리로, 코코넛 밀크와 재료를 함께 넣고 찌거나 끓인 카레 요리다. 주재료로 생선을 많이 사용하고, 쁘로혹이 들어가서 감칠맛이 강하다. 밥에 비벼 먹으면 좋다.

록락 Lok Lak

캄보디아 요리를 처음 접하는 사람에게 추천하는 요리로, 얇게 썬 스테이크나 불고기와 비슷하다. 소고기나 돼지고기에 간장이나 굴 소스, 케첩을 넣고 볶는데, 강한 향신료가 많이 들어가지 않아서 외국인들도 쉽게 먹을 수 있다. 식당에서는 달걀 프라이를 올린 밥과 함께 주문해서 먹는 것이 일반적이다. **소고기가 들어간 것은 록락 쌋꼬!**

꾸이띠우 Kuy Tear

캄보디아의 쌀국수. 고명으로 소고기 외에도 닭고기, 돼지고기, 해산물 등 다양하게 선택할 수 있는 것이 특징이며, 고명이 바뀌더라도 국물 맛은 모두 비슷하다. 아침식사로 많이 먹는다.

놈빵 바테 Nompan Pate

역시 아침식사로 인기 있는 이 샌드위치는 프랑스의 영향을 받은 음식이다. 프랑스식 바게트를 반으로 가르고 다진 돼지고기, 간장, 꽁치 통조림, 채소와 함께 프랑스식 고기 소스라 할 수 있는 파테가 들어간다.

까리 Curry

까리는 캄보디아식 카레 요리를 말하는데, 인도에서 넘어온 것이 분명하지만 본토 카레보다 맛이 달콤하고 순하다. 또한, 레몬그라스와 같은 동남아 채소와 코코넛 밀크, 연유가 들어가면서 특색 있는 요리가 되었다. 밥보다는 바게트를 찍어 먹으면 별미다.

바이 차 Bai Cha

인도네시아에 나시 고랭이 있다면, 캄보디아에는 바이 차가 있다. 볶음을 차, 밥을 바이라고 하는데, 말 그대로 볶음밥이다. 재료에 따라서 뒤에 단어가 더 붙는데 '바이 차 삿모이'라고 하면 **닭고기 볶음밥**이 된다. 어느 식당에서 주문해도 안심하고 먹을 수 있다.

Tip

베트남이나 라오스만큼은 아니지만, 캄보디아 요리에도 고수가 들어간 요리가 많다. 고수 향기가 익숙하지 않은 사람들은 "쏨 꼼닥찌."라고 말할 것.

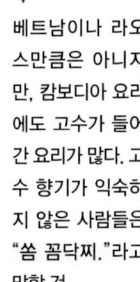

앙코르 비어 Angkor Beer

캄보디아 대표 유적지인 앙코르의 이름을 단 맥주로, 캄보디아 정부가 프랑스 기술을 도입한 회사에서 생산한다. 알코올 도수 5%의 라거 타입과 8%의 엑스트라 스타우트 2가지 맥주가 있다.

EATING 03

캄보디아의 과일

음식 문화가 발달하지 않은 캄보디아지만, 열대 과일만큼은 맘 놓고 먹을 수 있다. 눈에 띌 때마다 적극적으로 공략해야 할
과일들을 소개한다.

파파야(라홍)

크림처럼 부드러운 질감에
달콤한 맛을 가진 과일. 콜
럼버스가 천사의 과일이라
고 표현했을 정도로 맛이
좋다.

코코넛(도엉)

딱딱한 껍질 안에 코코넛
주스가 가득. 하얀 과육까
지 긁어먹어야 제맛.

망고스틴(멍쿳)

약간 새콤하면서도 달콤한
맛. 두꺼운 껍질을 벗겨내
고 마늘 모양의 과육만 먹
는다. 과일의 여왕!

두리안(뚜라인)

마늘과 양파가 썩은 것 같
은 냄새. 하지만, 달콤하고
농후한 맛은 중독성이 매
우 강하다. 과일의 왕!

바나나(쩨익)

캄보디아에서 제일 흔한
과일. 우리나라에서 몽키
바나나로 알려진 작은 바
나나가 많다.

용안(미엔)

달콤하고 하얀 속살은 한 번 맛보면 계속 껍질을 까게 만든다.

용과(스라까르네악)

선인장의 열매. 울퉁불퉁한 겉과 달리 부드러운 속살은 키위와 무를 섞은 듯한 맛이다.

람부탄(싸우마우)

우둘투둘하게 털이 난 껍질을 벗기면 투명하고 달콤한 과육이 있다. 차게 해서 먹으면 더 맛있다.

망고(스와이)

덜 익은 녹색 망고는 새콤하고 아삭한 맛. 잘 익은 노란 망고는 달콤하고 농후한 맛.

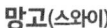

잭푸르트(크나오)

섬유질이 많은 과육은 달콤하고 진한 맛이다.

씨엠립에서 과일 사기 좋은 곳

올드마켓 Old Market p.128
씨엠립 구시가 중심에 있는 현지인들을 위한 시장. 안으로 깊숙이 들어가면 과일 파는 노점들이 나온다. 관광객에게는 살짝 비싸게 받지만, 그래도 신선한 과일을 싸게 살 수 있다.

럭키 슈퍼마켓 Lucky Supermarket p.137
럭키몰 1층에 있는 대형 슈퍼마켓으로 꼭 한 번은 들르게 되는 곳. 과일을 먹기 좋게 썰어서 포장해 놓았다. 가격은 좀 비싸지만 편하게 먹을 수 있다.

베스트 쇼핑 아이템

즐거운 여행의 마무리는 쇼핑! 앙코르 유적을 만나기 위해서 온 씨엠립에서도 예외는 아니다. 나를 위한 것, 그리고 한국에서 기다리는 사람들을 위한 것을 꼼꼼히 따져가며 캐리어를 채워보자. 가격표가 붙어 있지 않은 제품들은 흥정이 필수

앙코르 프린트 티셔츠

캄보디아를 상징하는 문양들을 새겨 놓은 티셔츠다. 아이 러브 캄보디아, 앙코르 유적, 코끼리, 승려들의 모습 등 다양한 문양과 색상 중에서 마음에 드는 것을 골라보자.

스카프

조금은 쌀쌀한 일출 때나 밤에 가볍게 목에 두르고 다니기 좋은 패션 아이템. 저렴한 공장제 제품에서 오가닉 면이나 실크에 천연 염색을 한 고급 제품까지 다양하다.

코끼리 바지

동남아 여행 때 한번 입어보면 계속 입고 다니게 되는 마성의 바지. 코끼리 문양이 그려진 '코끼리 바지'. 통이 넉넉한 알라딘 바지 등 가격이 싸서 여러 벌을 한꺼번에 사게 된다.

골풀 샌들

골풀(등심초)의 줄기로 만든 샌들. 흡습, 통풍 기능이 좋고 살균 효과도 있어서 씨엠립처럼 더운 날씨에 신고 다니기에 좋다.

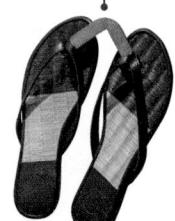

부레옥잠 가방

말린 부레옥잠의 줄기를 꼬아서 만든 가방. 대부분 캄보디아의 시골 여성들이 직접 손으로 만들며 판매 수익은 이들의 생활을 돕는데 쓰인다. 가볍고 튼튼한 것은 기본, 디자인도 점점 세련된 것들이 나오고 있다.

천연 허브 비누

파파야, 생강, 레몬그라스, 커피 등을 이용한 수제 비누다. 100% 천연 재료로 비누를 만드는 전문 매장 제품들은 향도 은은하고 패키지도 예뻐서 선물용으로 좋다.

앙코르 쿠키

앙코르와트 유적의 모양을 찍어 놓은 쿠키가 있다. 망고, 참깨, 캐슈너트 등 맛도 다양하고 크기도 선택할 수 있다. 선물로 주기에는 참깨 맛이 무난하다.

천연 립밤

크기가 작아서 부담 없이 가져올 수 있는 품목. 코코넛 오일을 이용한 것이 가장 많으며, 조금씩 다른 향을 첨가한 것들이 있으므로 테스트해 보고 구입하자.

말린 과일

말린 열대 과일은 동남아 국가를 여행할 때 꼭 사게 되는 쇼핑 아이템 중 하나다. 진공포장이라 편하게 가져올 수 있다.

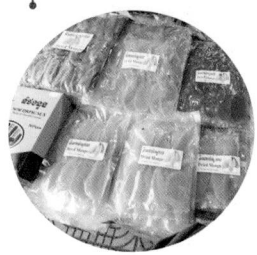

사탕수수 설탕

일명 팜 슈거라 불리는 사탕수수 설탕이다. 비정제 유기농 설탕으로, 일반 백설탕과 달리 맛이 부드럽고 차나 요리에 넣으면 마치 꿀을 탄 듯한 향이 난다.

캄보디아 후추

세계적으로 유명한 캄보디아 캄폿 지방의 후추다. 블랙, 화이트, 레드 후추가 있으며, 통 후추와 가루 형태로 판매한다. 씨엠립 식당에서 이 후추를 이용한 요리를 먹을 수 있으므로 먹어보고 맘에 들면 구입하자.

과일 잼

망고 잼이나 코코넛 잼처럼 우리나라 마트에서는 쉽게 찾아볼 수 없는 잼들이 있다.

솜바이

솜바이 Sombai는 캄보디아의 전통 담금주로 망고, 바나나, 코코넛 등의 과일이나 생강, 칠리, 후추와 같은 허브 등 다양한 재료를 넣어서 만든다. 나이트 마켓에 가면 직접 시음해보고 구매할 수 있다.

COURSE

씨엠립 + 앙코르 유적 베스트 코스

앙코르 유적들을 하루에 다 볼 수 없을까? 결론부터 말하자면 앙코르와트와 유적 한 두개만 볼 게 아니라면 불가능하다. 일단 앙코르 유적군에는 수많은 유적들이 있으며, 무더운 날씨, 툭툭 이동 시간, 도보 이동 거리 등 다양한 변수가 있다. 유적에만 최소 2~3일의 시간은 투자해야 하며 톤레 삽 호수나 민속촌 같은 볼거리까지 보려면 1~2일 더 잡는 것이 좋다.

Small Tour Big Tour

스몰 투어와 빅 투어

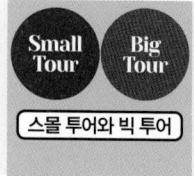

스몰 투어와 빅 투어란 관광객들이 편하게 일정을 짤 수 있도록 동선상 한 번에 구경하면 좋은 유적들을 묶어 놓은 것이다. 여행사들을 비롯한 숙소와 툭툭 기사 등 대부분의 사람이 알고 있으니 투어를 신청하거나 툭툭을 대절할 때 원하는 투어를 선택하면 된다.
CHECK 각 투어에 들어가는 유적의 종류나 방문 순서는 투어 진행 회사와 툭툭 기사에 따라서 달라질 수 있다.

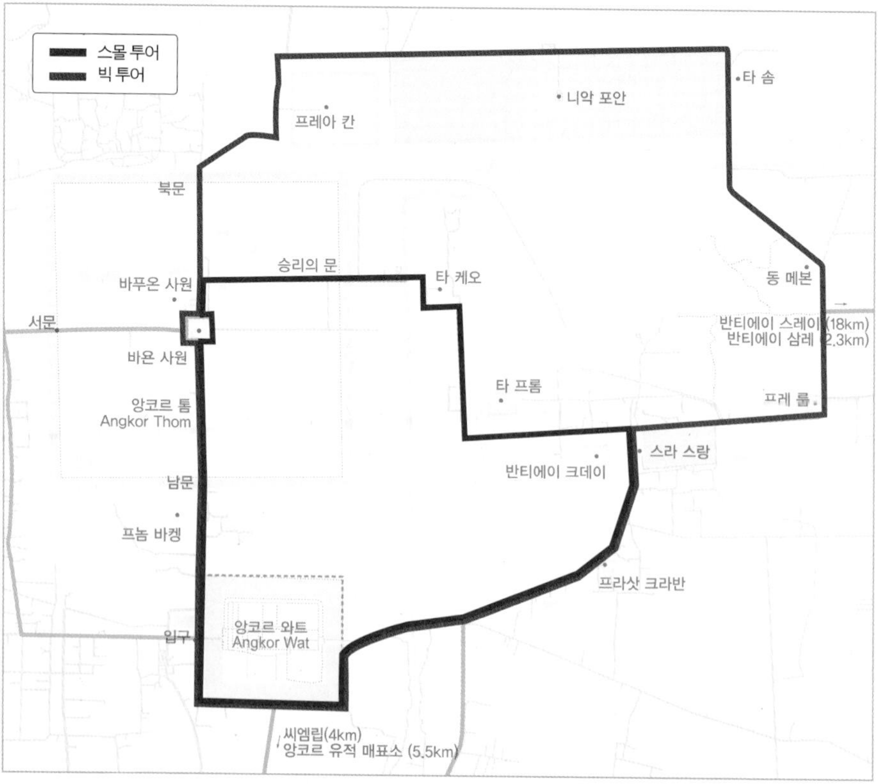
스몰 투어
빅 투어
타 솜
니악 포안
프레아 칸
북문
승리의 문
타 케오
동 메본
바푸온 사원
서문
반티에이 스레이(18km)
반티에이 삼레 (2.3km)
바욘 사원
타 프롬
프레 룹
앙코르 톰
Angkor Thom
스라 스랑
반티에이 크데이
남문
프놈 바켕
프라삿 크라반
입구
앙코르 와트
Angkor Wat
씨엠립(4km)
앙코르 유적 매표소 (5.5km)

Small Tour
스몰 투어

> **유적** 〉 앙코르와트 + 앙코르 톰 + 타 프롬 + 프놈 바켕(일몰)
> **요금** 〉 툭툭 15달러, 자동차 35~40달러

앙코르 유적의 3대 핵심 유적인 앙코르와트와 앙코르 톰, 타 프롬이 모두 들어 있다. 따라서 스몰 투어만 하더라도 가장 화려하고 거대한 유적 건축의 진수를 보는 셈이다. 앙코르 톰과 앙코르와트 사이에 있는 프놈 바켕은 일몰을 구경하기 좋은 곳으로 유명하다.

앙코르와트 / 앙코르 톰

Big Tour
빅 투어

> **유적** 〉 프레아 칸 + 니악 포안 + 타 솜 + (프라삿 크라반 + 반티에이 크데이 + 스라 스랑) + 동 메본 + 프레 룹(일몰)
> **요금** 〉 툭툭 17~20달러, 자동차 40~45달러

앙코르와트와 앙코르 톰을 기준으로 북쪽과 동쪽에 있는 나머지 유적들을 둘러보는 코스로, 빅 투어 혹은 그랜드 투어로 부른다. 규모는 작지만, 각기 다른 개성 넘치는 유적들을 보다 보면 자신의 마음에 드는 곳을 발견하게 된다. 시내에서 거리가 멀고 동선이 길기 때문에 비용은 스몰 투어보다 비싸다.

프레아 칸 / 프레 룹

씨엠립 3박 4일 코스(유적 2일+관광 1일)

씨엠립 관광의 표준이라고 할 수 있는 일정이다. 스몰 투어와 빅 투어를 각각 하루씩 돌고, 나머지 하루를 시내 볼거리와 톤레 삽 호수 투어에 쓴다.

CHECK 1 단체 투어가 아닌 개인 가이드나 툭툭 기사와 함께 투어를 진행할 경우, 코스에 있는 유적 중에서 개인의 선호도, 체력에 따라 얼마든지 빼고 더할 수 있다. 일정이 짧고 날씨가 더운 만큼 투어에 있는 모든 유적을 보겠다고 욕심 부리지 말자.

CHECK 2 앙코르와트에서 보는 새벽 일출 일정은 3, 4일 중 선택할 수 있다. 반드시 일출을 보고 곧바로 앙코르와트를 구경할 필요는 없지만, 사람들이 좀 더 한산할 때 관람한다는 장점이 있다.

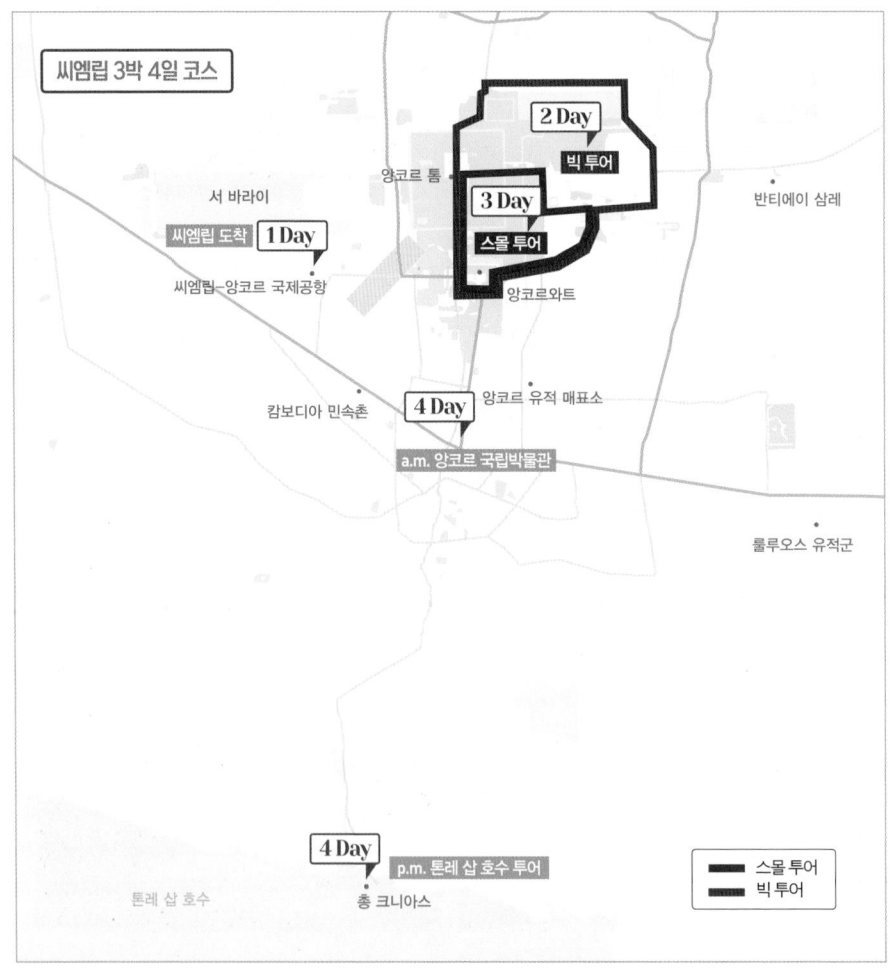

1 Day 인천(부산) ▶▶▶ 씨엠립

저녁	비행기로 씨엠립으로 이동
밤	숙소 도착

2 Day 빅 투어

오전	프레아 칸 + 니악 포안 + 타 솜
오후	프라삿 크라반 + 반티에이 크데이 + 스라 스랑 + 동 메본 + 프레 룹(일몰)
저녁	펍 스트리트 산책 및 한잔하기

3 Day 스몰 투어

오전	앙코르와트(일출 + 유적) + 앙코르 톰
오후	타 프롬 + 프놈 바켕(일몰)
저녁	나이트마켓에서 쇼핑하기

4 Day 씨엠립 ▶▶▶ 인천(부산)

오전	앙코르 국립박물관 + 올드마켓 쇼핑
오후	톤레 삽 호수 + 일몰 투어
저녁	저녁식사 + 마사지
밤	공항 이동 + 비행기 탑승

Tip

스몰 투어와 빅 투어 순서는?

일정을 짜다보면 스몰 투어와 빅 투어 중 어느 것을 먼저 볼지 고민이 된다. 스몰 투어를 먼저 보면 다음 날 체력 여부에 따라 빅 투어 중 일부 유적을 빼거나, 스몰 투어 중에서 다시 보고 싶은 유적에 한 번 더 들를 수 있어서 좋다. 반면 씨엠립에서 가장 인상이 강한 유적들을 먼저 보기 때문에 뒤에 빅 투어의 유적들이 시시하게 느껴지는 단점이 있다.

1 Day

2 Day

니악 포안

4 Day

앙코르 국립박물관

3 Day

앙코르와트 일출

씨엠립 4박 5일 코스(유적 3일+관광 1일)

앙코르 유적 3일권을 모두 활용할 수 있는 코스다. 3박 4일 코스에 하루를 더 하면 시내에서 툭툭으로 1시간 거리에 있는 반티에이 스레이와 반티에이 삼레도 다녀올 수 있다. 앙드레 말로가 조각을 훔쳐올 만큼 아름다운 곳이므로 관심 있는 사람은 시간을 내보자. 오후에는 캄보디아 민속촌의 전통 공연을 구경하면서 보람차게 마무리 한다.

CHECK 4박 5일 코스의 장점은 유적만 봐야 하는 일정에 쫓기지 않고 잠시 여유 부릴 수 있는 시간이 있다는 것. 숙소 수영장에서 시간을 보내거나, 느릿느릿 카페 투어와 시장 구경에 나선다. 4, 5일째 오후 일정에서 민속촌과 톤레 삽 호수 중 하나만 선택하면 여유 시간은 더 늘어난다.

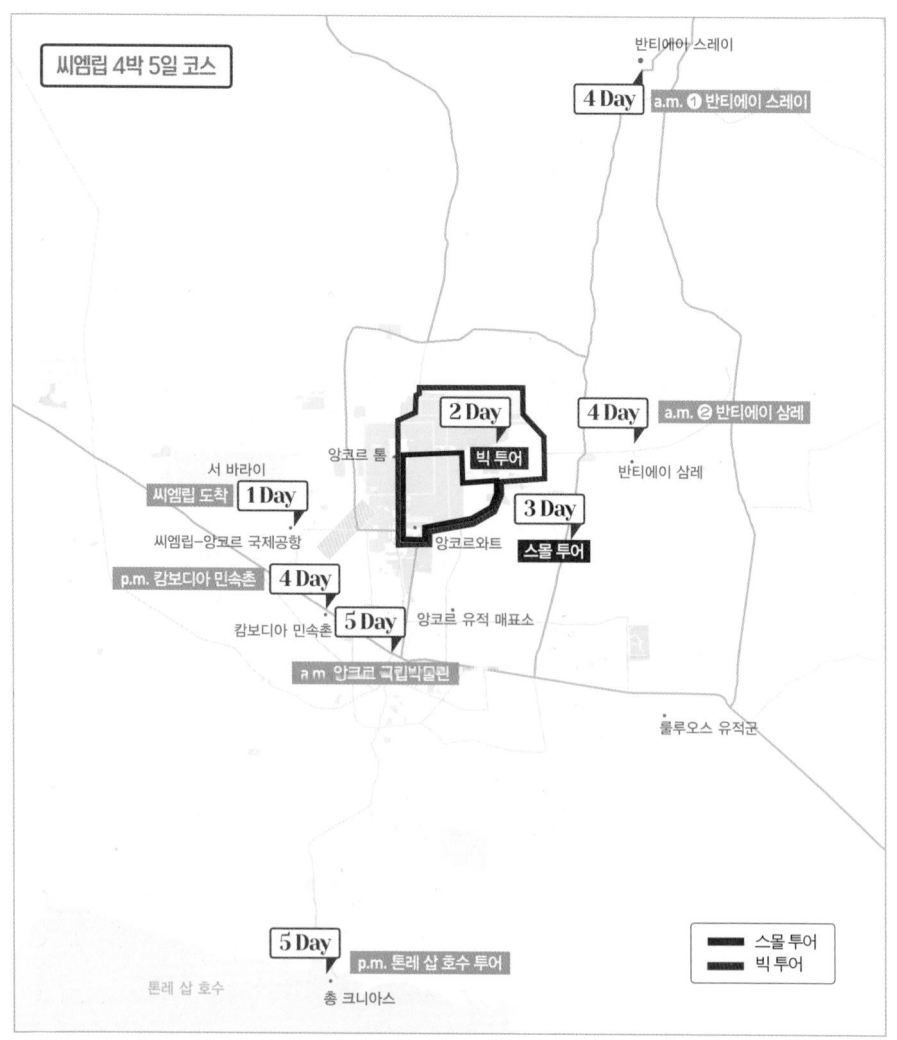

1 Day 인천(부산) ▶▶▶ 씨엠립

저녁	비행기로 씨엠립으로 이동
밤	숙소 도착

2 Day 빅 투어

오전	프레아 칸 + 니악 포안 + 타 솜
오후	프라삿 크라반 + 반티에이 크데이 + 스라 스랑 + 동 메본 + 프레 룹(일몰)
저녁	펍 스트리트 산책 및 한잔하기

3 Day 스몰 투어

오전	앙코르와트(일출 + 유적) + 앙코르 톰
오후	타 트롬 + 프놈 파켕(일몰)
저녁	나이트마켓에서 쇼핑하기

4 Day 북동쪽 유적 + 민속촌

오전	반티에이 스레이 + 반티에이 삼레
오후	민속촌 전통 공연 관람
저녁	민속촌 메인 공연 관람

5 Day 씨엠립 ▶▶▶ 인천(부산)

오전	국립박물관 구경 + 올드마켓 쇼핑
오후	톤레 삽 호수 + 일몰 투어
저녁	저녁식사 + 마사지
밤	공항 이동 + 비행기 탑승

1 Day

2 Day

동 메본

3 Day

타 프롬

4 Day

캄보디아 민속촌

5 Day

톤레삽 호수

Angkor Wat FAQ

앙코르와트 FAQ

앙코르 유적은 언제 가면 좋나요?

1 무더운 열대기후

앙코르 유적의 도시 씨엠립이 있는 캄보디아는 열대 몬순 기후대에 속한다. 전반적으로 날씨가 무덥고 습하며 한낮 최고 기온이 30℃ 이하로 떨어지는 날이 거의 없다.

2 우기와 건기가 있다.

열대기후에 속한 만큼 건기와 우기가 있다. **11월부터 4월까지가 건기, 5월부터 10월까지 우기다.** 우기에는 하루에 한 차례 집중적으로 소나기가 쏟아지고 금방 개는 형식(스콜). 다만, 최근 지구 온난화의 영향으로 변칙적인 날씨가 자주 보인다.

3 건기 초입이 여행하기 가장 좋다.

여행하기에 가장 좋은 시기는 건기 초에 해당하는 11월에서 2월. 우리나라의 더운 가을 날씨를 생각하면 되는데, 비가 거의 오지 않아서 진흙 길을 다닐 필요가 없고, 평균 기온도 25~30℃ 정도다.

4 4~5월은 피할 것

동남아시아를 여행할 때 꼭 피해야 하는 시기는 바로 건기가 끝나는 4~5월. 씨엠립 역시 마찬가지로, 낮 최고 기온이 40℃를 넘어갈 때도 있다. 앙코르 유적을 보기 위해서 한낮에 밀림 사이를 돌아다니는 일정이 많기 때문에 기온이 높은 만큼 체력 소모가 많아진다.

5 설 연휴에는 중국 관광객들이 많다.

우리나라의 여행 성수기인 설 연휴는 건기라서 여행하기에 나쁘지 않다. 다만, 이때는 음력설을 쇠는 중국도 관광객이 몰려드는 시기라 매우 복잡하다. 7~8월 휴가 시즌이나 추석 연휴는 우기에 해당하는데, 이상 기후만 없다면 한차례 스콜이 내리는 정도로 여행에 큰 영향을 주지는 않는다.

예산은 얼마나 잡아야 하나요?

동남아시아 국가니까 무조건 저렴하게 여행할 수 있을 거라고 생각하면 의외로 비싼 요금에 놀랄 수도 있다. 특히 앙코르 유적 입장료가 비싸며, 식비도 저렴하게 해결할 수 있는 옵션이 생각보다 많지 않다. 개인적인 씀씀이에 따라서 차이가 있지만 3박 4일 여행 기준 예산은 항공권 포함 1인 80~100만 원 정도. 성수기에는 항공권과 숙소 비용 때문에 예산이 올라가며, 하루 만 원 이하의 저가 숙소에 묵으면 더욱 비용을 절약할 수 있다.

전체 예산 = 하루 예산(숙박비+식비+교통비) × 여행 일수 + 항공 요금 + 비자 발급비 + 입장료 + 투어 비용 + 쇼핑 비용 + 비상금

1 항공 요금 & 비자 발급비

인천-씨엠립 직항 노선이 있는 에어서울의 경우 왕복 30~50만 원대로 구할 수 있다. 부산-씨엠립 구간을 운행하는 에어부산도 가격은 비슷하다. 두 회사 모두 할인 프로모션을 자주 하는 편인데, 이때를 노리면 가격이 좀 더 저렴해진다. 캄보디아 입국 비자 발급비는 35,000원 정도.

2 숙박비

씨엠립의 숙박비는 대체로 저렴하다. 배낭여행자들이 묵는 호스텔의 도미토리는 1인당 3,000원부터 시작하며, 7,000원 정도면 시설 좋은 숙소를 찾을 수 있다. 에어컨이 없거나 창문이 없는 숙소는 더블룸 기준 하루 15,000원대이며, 20,000원 이상이면 에어컨이 있는 더블룸을 구할 수 있다. 고급 숙소들은 더블룸 기준 40,000원 이상 줘야 한다. 단, 성수기에는 가격이 더 오른다.

3 식비

씨엠립은 다른 동남아시아 국가들보다 식비가 많이 드는 편이다. 여행자들이 쉽게 찾을 수 있는 저렴한 식당은 스프링롤처럼 싼 메뉴들이 1,500~3,000원대, 고기가 들어간 메인 메뉴들이 3,000~5,000원대이다. 조금 더 고급 식당으로 가면 메인 메뉴가 5,000~10,000원까지 올라간다. 카페에서 판매하는 커피나 주스 등은 2,000~5,000원으로 한국과

크게 다르지 않지만, 술값은 저렴한 편이다. 거리의 펍에서 생맥주 한 잔을 1,000원대로 마실 수 있다.

4 교통비

앙코르 유적을 편하게 보려면 툭툭을 하루 단위로 빌려야 하는데, 비용은 3인 기준 보통 18,000~23,000원이다. 시내에서 짧게 이동할 경우에는 편도 기준 1,500~2,500원, 그 이상은 거리에 따라서 3,500~5,000원 정도로 이용할 수 있다.

5 입장료

앙코르 유적 입장료가 전체 예산에서 큰 부분을 차지한다. 1일권이 약 43,000원, 3일권이 약 72,000원, 7일권이 약 83,000원이다. 앙코르 유적을 처음 가는 사람은 3일권이 적당하며 모든 유적을 샅샅이 둘러보려면 7일권을 사야 한다. 씨엠립 시내의 거의 유일한 실내 볼거리인 국립박물관의 입장료는 16,000원 정도다.

6 투어 및 볼거리 비용

가장 인기 있는 톤레 삽 투어는 50,000원 선에서 가격대가 형성되어 있다. 민속촌이나 압사라 댄스 같은 경우는 약 여행사의 바우처로 구입하면 공식 입장료보다 저렴하게 즐길 수 있다. 가격은 약 16,000원이다.

어떤 항공권을 사는 게 좋을까요?

1 직항은 인천과 부산에서 출발

다양한 항공사가 운행하고 있지만, 현재 한국-씨엠립 **직항 노선을 가지고 있는 항공사는 에어서울과 에어부산**, 2개 항공사뿐이다. 단, 두 회사 모두 매일 운항하지는 않으므로 여행 스케줄을 잘 조정해야 한다. 에어서울은 인천에서 출발, 일주일에 4일(일, 수, 목, 토) 운항하며 5시간 50분 정도 소요된다. 에어부산은 김해 공항에서 출발, 역시 4일(월, 수, 목, 토)만 운항하며 5시간 30분 정도 걸린다.

2 좌석 간격이 넓은 에어서울

에어서울은 아시아나항공의 자회사로서 다른 저가항공사들에 비해 몇 가지 장점이 있다. 먼저 비행기 좌석 간격이 넓은 것이 특징. 비슷한 저가항공사에 비해 3인치 정도 넓어서 조금 더 편안하게 여행할 수 있다. 좌석에서 USB 충전도 가능하며 기내식은 따로 없지만, 물과 주스를 준다. 저가항공사라고 해서 너무 서비스를 걱정할 필요 없다.

3 옵션이 다양한 경유 항공사

경유 항공편을 이용하는 방법도 있다. 에어아시아, 말레이시아항공, 베트남항공, 비엣젯, 싱가포르항공, 중국남방항공 등 캄보디아 주변 아시아 국가에서 씨엠립으로 들어가는 경유 노선을 운영한다. 비용 면에서 큰 이점은 없지만, 다른 국가도 함께 여행할 때 고려하면 좋다.

4 전세기편을 확인하자

여행 성수기 시즌에는 지방 공항에서 출발하는 전세기편이 운항하기도 하는데, 최근에는 대부분 캄보디아 국적의 저가항공사들이 운영한다. 스카이앙코르항공은 2019년 초 전라남도 무안 국제공항과 강원도 양양 공항에서 씨엠립까지 가는 전세기를 띄웠다. 이런 항공권들은 대부분 여행사의 패키지 투어가 가져가지만, 일부 남는 항공권을 판매하기도 하므로 관심 있는 사람들은 알아볼 것.

5 프로모션을 확인하자

저가항공사들은 자사 홈페이지와 휴대폰 애플리케이션을 통해서 온라인 예약 시스템을 잘 구축해 놓고 있다. 에어서울과 에어부산의 회원으로 가입하고 시즌별 프로모션 정보를 확인한다. 또한, 플레이윙즈와 같은 **항공권 특가를 알려주는 애플리케이션을 이용하면 특가 정보를 항시 확인**할 수 있다.

FAQ 04 숙소 예약은 어떻게 하나요?

1 인터넷으로 편리하게 예약하자

해마다 전 세계에서 250만 명 이상의 여행자들이 씨엠립을 찾는다. 씨엠립에는 저렴한 도미토리에서 최고급 리조트까지 이들을 위한 다양한 형태의 숙소가 마련되어 있다. 인기 있거나 서비스 좋은 대부분의 숙소는 인터넷과 휴대폰 애플리케이션을 통해서 예약할 수 있다. 일정에 맞춰 원하는 숙소를 검색한 후 예약까지 마무리한다. 보통 예약 시 전체 요금을 미리 계산하지만, 호텔 정책에 따라 현지에서 직접 계산하는 경우도 있다.

2 위치를 확인하자

씨엠립에서 숙소를 정할 때 가장 신경 써야 할 부분은 바로 위치다. 씨엠립의 구시가는 도보로 돌아다닐 수 있을 만큼 작은 편이지만, 한낮에는 너무 더워 걷기 힘들고, 밤에는 낮에 유적을 다녀와서 피곤한 상태. 그래서 숙소가 구시가에서 멀어질수록 툭툭을 이용할 확률이 높아지고 더 번거로워진다. **구글 지도에서 럭키몰이나 올드마켓을 기준점으로 잡고 800m(도보 10분 거리) 이내의 숙소를 잡는 것을 추천한다.**

3 수영장이 있는 숙소를 찾아보자

일반적으로 수영장이 있는 숙소들은 대부분 비싸다. 하지만, 씨엠립에서는 상대적으로 저렴한데도 수영장이 있는 숙소를 어렵지 않게 찾을 수 있다. 리조트급 숙소뿐만 아니라 깨끗한 중급 규모의 호텔에도 작지만, 무난하게 이용할 수 있는 수영장이 있다. 땀 흘리며 유적을 보고 돌아와서 저녁 먹으러 나가기 전까지 기분 전환하기에 좋다.

4 인원이 많을 경우에는 에어비앤비

씨엠립은 다른 나라에 비해서 개인 호스트들의 숙소가 많지 않다. 정식 숙박 업체가 에어비앤비에 리스트를 올리는 경우도 많다. 게다가 에어비앤비에 올라와 있지 않은 숙소 가격이 워낙 저렴한 편이라 2인 더블룸을 찾는다면 가격대비 이점이 크지 않다. 하지만, 5인 이상 가족이라면 에어비앤비에서 좀 더 다양한 옵션을 찾아볼 수 있다.

5 장기 예약은 신중할 것

호텔이나 에어비앤비의 화면상 사진이 좋아 보여도 직접 가보면 상황이 다른 경우가 종종 있다. 씨엠립에는 새 건물이 많지 않기 때문에 방 이외의 시설이 낙후되었거나, 에어컨이 제대로 작동을 안 하거나, 더운 물이 잘 나오지 않는 경우도 흔한 편이다. 또한, 예약 사이트 후기가 괜찮아도 자신의 취향과는 맞지 않는 경우가 있으므로 비용을 절약하겠다고 가보지도 않은 숙소에 장기 예약하는 것은 추천하지 않는다.

055

꼭 챙겨야 할 기본 여행 준비물

☑ 여행 경비
환전한 달러, 신용카드, 국제현금카드 등을 빠짐없이 준비한다.

☑ 여행 가방
선호하는 스타일에 따라서 배낭 형태나 캐리어 중에서 선택한다.

☑ 의류팩 & 워시팩
옷과 세면도구를 깔끔하게 정리할 수 있다.

☑ 화장품
꼭 필요한 만큼 작은 용기에 담아서 가져갈 것.

☑ 여권
사진이 있는 부분을 복사해서 2~3장 따로 보관해둔다.

☑ 각종 증명서
여행자보험은 꼭 가입하고 1부 출력해둔다. 투어 할인이 있는 경우가 있으므로, 국제학생증이 있으면 챙긴다.

☑ 보조 가방
유적과 시내를 돌아다닐 때 가볍게 들고 다닐 수 있는 작은 가방도 별도로 준비한다.

☑ 신발
우기에 갈 경우 물에 젖어도 냄새나지 않는 샌들이나 슈즈를 준비하면 좋다.

☑ 항공권
전자 티켓을 미리 출력해둔다. 웹 체크인을 했다면 문자나 애플리케이션에서 탑승권을 확인한다.

☑ 자물쇠
가방 크기와 종류에 맞춰서 자물쇠를 준비한다. 와이어도 유용

☑ 가이드북
여행이 한층 알차고 즐거워진다.

☑ 속옷&양말
더우니까 속옷은 넉넉히, 일정에 맞춰 충분히 준비한다.

챙이 넓은 모자는 필수, 우기에는 우산도 있으면 좋다.

☑ 옷

캄보디아의 더운 기후에 맞춰서 고른다. 가볍게 걸칠 긴 옷을 준비하면 모기를 피하고 햇볕에 타는 것을 방지하는 데 도움이 된다.
CHECK 불교문화에 대한 예의를 지키기 위해 앙코르 유적에 들어가려면 소매 있는 상의와 무릎을 덮는 하의를 입어야 한다.

☑ 수영복

중급 호텔에도 수영장이 있는 경우가 많다.

☑ 스마트폰 관련

충전기, 보조 배터리, 셀카봉 등을 챙긴다.

☑ 카메라

메모리 카드와 배터리, 충전기가 잘 작동하는지 출발 전 확인한다.

☑ 세면도구

저가 숙소에는 어메니티가 없는 경우가 많으므로 샴푸, 샤워젤, 비누, 치약 등을 필요한 양만큼 챙긴다.

씨엠립 여행을 위한 **추가 준비물**

☑ 자외선 차단제

햇빛이 강렬하기 때문에 피부가 쉽게 그을린다. 귀찮다고 건너뛰면 나중에 후회한다.

☑ 비상약품

감기약, 멀미약, 소화제, 진통제, 지사제, 반창고, 연고 등 기본적인 약품 준비.

☑ 생리용품

캄보디아에는 공산품이 다양하지 않으므로 미리 챙긴다.

☑ 여권용 사진

캄보디아 입국 비자 신청을 위해 필요하다. 제출용 1장과 비상용으로 몇 장 더 준비한다.

☑ 선글라스

강한 햇빛에서 눈을 보호하기 위해서 필요하다.

☑ 가방용 커버

가방도 보호하고, 내 가방을 구별할 수 있는 패션 아이템도 된다. 우기에 여행할 때 매우 유용하다.

☑ 부채 & 휴대용 선풍기

유적을 돌아다닐 때 삼시 시원함을 느낄 수 있다.

☑ 모자

햇빛을 막는데 유용하다.

☑ 우산 또는 양산

숲을 제외하면 유적에는 그늘이 많지 않다. 해를 가리고 걷는데 유용하다.

☑ 물티슈

작은 것으로 준비하면 급할 때 쓸 일이 생긴다.

☑ 모기약

유적이 있는 숲속과 숙소에 모기가 많은 편이다. 몸에 뿌리는 모기약과 방에서 피우는 모기약, 그리고 모기 물린데 바르는 약을 준비하면 좋다.

FAQ 06 환전은 어떻게 할까요?

1 캄보디아의 화폐는 리엘

캄보디아의 공식 화폐 단위는 리엘 Riel(KHR)이다. 동전은 따로 없고 모두 지폐를 이용한다.

> 통화 리엘 Riel 총 10종
> 50리엘, 100리엘, 500리엘, 1,000리엘, 2,000리엘, 5,000리엘, 10,000리엘, 20,000리엘, 50,000리엘, 100,000리엘
> ● 환율 1USD ≒ 4,050리엘
> ● 1,000리엘 ≒ 280원 (2019년 4월 기준)

2 달러도 함께 사용한다.

리엘이라는 공식 화폐가 있지만, 캄보디아에서는 달러도 함께 통용된다. 단위가 큰 거래에서는 달러를 사용하고 리엘은 보조 화폐처럼 거스름돈을 계산하거나 저렴한 물건을 살 때 이용하는 분위기다.

3 현지 환율은 1달러=4,000리엘 고정

달러대 리엘 환율은 매일 변하지만 변동 폭이 크지 않다. 그래서 현지인들은 거의 1달러=4,000리엘의 고정 환율로 거래를 한다. 만약 1.60달러짜리 물건을 사고 2달러를 내면, 0.4×4,000=1,600리엘을 거스름돈으로 받게 된다.

4 한국에서 전액 달러화로 환전해 가야 한다.

한국 화폐는 현지에서 환전이 되지 않기 때문에 한국에서 모두 달러화로 바꿔두어야 한다. 교통비, 입장료, 식당 등 거의 모든 거래에서 달러를 쓸 수 있기 때문에 굳이 달러를 다시 리엘로 환전을 할 필요는 없다. 달러는 찢어지거나 헌 돈은 받지 않으므로 꼭 확인한다.

5 달러 소액권을 넉넉히 준비할 것

달러를 내면 1달러 이상 금액은 달러로, 이하 잔돈은 리엘로 받는 것이 일반적이다. 50달러 이상 큰 비용을 지출할 일이 많지 않으므로 1, 5, 10, 20달러 지폐를 충분히 준비하는 것이 편하다. 특히, 1달러는 가져갈 때는 불편해도 요금을 1달러 단위로 흥정할 때 유용하다. 2달러 지폐는 캄보디아에서 사용할 수 없다.

6 신용카드는 시기상조

씨엠립은 우리나라만큼 신용카드 사용이 활발하지 않다. 앙코르 유적 입장권을 살 때나 고급 호텔에서는 신용카드를 쓸 수 있지만, 그 밖의 일반 식당, 중급 이하 호텔에서는 사용할 수 없는 곳이 더 많다. 하지만, 비상용으로 비자나 마스터 카드 하나 정도는 준비하는 것이 좋다.

7 국제 현금카드는 비상용

씨엠립 곳곳에서 국제 현금카드로 인출할 수 있는 ATM을 볼 수 있다. 출금도 달러로 된다. 단, 기존 환율에 은행 수수료(출금액의 1% 이상)와 4~6달러의 ATM 수수료가 추가로 붙기 때문에 한 번에 많이 출금하는 것이 이익이다. 현금 분실을 대비해 비상용으로 준비해둔다.

스마트폰은 로밍해야 할까요?

❶ 현지에서 심카드를 구입할 수 있다.

캄보디아 통신사의 선불형 심카드를 구입하면, 가장 저렴하게 데이터를 사용할 수 있다. 대표적인 통신 회사는 **스마트 Smart, 셀카드 Cellcard, 그리고 멧폰 Metfone 3개사.** 모두 4G LTE를 사용한다. 심카드를 구입하고, 이후 원하는 상품의 금액을 충전하는 방식인데, 현장에서 세팅까지 직접 해준다. 씨엠립 시내에 매장이 있는 스마트 심카드가 무난하며, 멧폰은 일정 용량 사용 후 느려지는 저속 무제한 데이터를 10달러 정도에 판매하기도 한다. 현지 국내 통화가 필요한 경우 요금이 추가될 수 있다.

요금 스마트 기준 심카드 4달러+데이터 충전 2GB 3달러, 4GB 5달러

CHECK 동영상 콘텐츠를 많이 소비하는 타입이 아니라면, 7일 내 여행에서 4GB 정도 용량으로 충분하다. 대부분의 식당과 숙소에서 무료 와이파이를 제공하기 때문. 이들을 적극적으로 사용하면 2GB도 가능하다.

CHECK 씨엠립 시내에서는 대부분 4G LTE 방식으로 잘 터지지만, **앙코르 유적 내부, 인적 드문 곳에 들어가면 4G가 작동하지 않는 경우가 많다.** 이때 3G로 바뀌면서 속도가 매우 느려진다. 데이터를 많이 쓰는 검색 작업 등은 앙코르 유적에 들어가기 전에 마무리해두자.

스마트 심카드

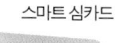

❷ 일행이 여러 명이라면 포켓 와이파이

포켓 와이파이는 현지 전화의 데이터 통신을 받아서 와이파이로 뿌려주는 모뎀을 말한다. 인천, 김해 공항에서 기계를 대여, 반납하며 현지 공항에 내리자마자 따로 설정 없이 데이터를 사용할 수 있다. 비용은 1일 7천 원 정도. 데이터 용량이 무제한이며, 여러 명이 함께 여행할 경우 일일이 심카드를 사지 않아도 되므로 편리하다. 단, 대여 기계가 한정적이므로 출국 날짜 3, 4일 전에는 예약할 것.

요금 무제한 데이터 1일 약 7,000원

❸ 한국에서 해외 유심을 구입해둔다.

현지 심카드는 공항에서 내려서 심카드를 구입할 때까지 인터넷을 사용할 수 없다. 또한, 포켓 와이파이를 빌리면 매번 휴대폰 외에 모뎀을 들고 다녀야 한다. 한국에서 해외 유심을 구입하고 미리 끼워서 가면 이런 불편함을 덜 수 있다.

CHECK 유심을 교환한 후 현지에서 '데이터 로밍'을 켜야 사용할 수 있다.

요금 4GB(+저속 무제한) 8일 사용 가능 약 17,000원

❹ 편리한 데이터 로밍

심카드를 갈아 끼우기 귀찮거나 휴대폰 안의 정보가 손실될까 걱정된다면 한국에서 해외 데이터 로밍 요금제를 신청한다. 최근 데이터 용량과 기간에 따라서 로밍 요금제도 다양해지면서 선택의 폭이 넓어졌다.

요금 SKT T 로밍 아시아패스 2GB(+저속 무제한) 5일 사용 가능 25,000원

❺ 와이파이만으로 버틸 수도 있다.

씨엠립은 와이파이 천국이라고 해도 과언이 아니다. 거의 모든 식당과 숙소, 마사지 숍에서 무료 와이파이를 제공한다. 유심을 구입했다가 데이터를 거의 남기고 돌아왔다는 여행자들도 많으므로 자신의 데이터 소비 패턴을 잘 파악해보자.

FAQ 08 씨엠립은 안전한가요?

1 여행자에게 안전한 도시

한 해 동안 캄보디아를 방문하는 약 500만 명의 여행자 중에서 절반 이상이 앙코르와트를 방문한다. 씨엠립 인구가 15만 명에 불과한 것을 생각해본다면 그야말로 관광업으로 먹고사는 도시라고 할 수 있다. 씨엠립은 전 세계 사람들로 북적거리지만, 사고가 적은 대체로 안전한 도시다.

2 여행자를 위한 시설도 충분하다.

캄보디아가 극빈국에 속하지만, 씨엠립은 여행자들을 위한 시설을 충분히 갖추고 있다. 숙소도 편안하고 화장실도 청결하며 에어컨도 달려 있어서 더위를 식힐 수 있다. 도로 사정이 좋지 않지만, 이동하는 데 큰 불편함은 없다.

3 소지품을 항상 챙길 것

강도 같은 사건은 잘 일어나지 않지만, 여권, 지갑 등 소지품을 분실하는 경우는 자주 일어난다. 숙소를 비울 때는 가방을 잘 잠그고, 특히, 여권을 잘 보관해야 한다. **최근 씨엠립 공항 화장실 세면대에서 손을 씻는 사이 옆에 둔 소지품을 분실하는 사고가 자주 발생하고 있다.**

4 심야에는 숙소로 돌아가자

여행자들의 유흥을 위한 펍 스트리트가 있고, 맥주도 저렴한 편이다. 마음이 풀어져서 늦게까지 술을 마시고 돌아다니기 쉽다. 캄보디아 사람들은 근본적으로 시끄러운 것을 좋아하지 않으므로 고성방가는 금물. 전기사정이 좋은 편이 아니어서 밤에 어두운 곳이 많다. 혼자 돌아다니지 않는 것이 좋다.

5 툭툭을 탈 때 안전주의

툭툭은 좌석이 외부에 노출되어 있고, 안전벨트가 없기 때문에 교통사고가 일어날 경우 심각하게 다칠 수 있다. 달리는 툭툭에서는 자리에서 일어나거나 급작스러운 행동을 하지 않는다. 씨엠립 부근 의료시설이 열악하여 **크게 다칠 경우 수도인 프놈펜이나 인근 국가로 후송해야 수술이 가능하다.**

6 여행자 물가에 감정 상하지 말 것

당신이 씨엠립에 도착한 순간 이곳에 사는 현지인들의 생활수단이 된다. 여행 일정을 함께 하면서 1달러라도 가격을 더 받으려는 툭툭 기사. 물건 가격을 당연하게 올려 부르는 시장 상인들을 일상적으로 마주하게 된다. 하지만, 이들과 마주하기도 전에 미리 불편한 감정을 가질 필요는 없다. 흥정을 시도하고 가격이 맘에 들지 않으면 곧바로 다른 사람을 찾으면 된다.

1 영어가 잘 통하는 도시

씨엠립에는 서양 여행자들도 많이 방문하기 때문에 숙소, 식당, 시장, 가게, 여행사의 사람들과는 영어가 잘 통한다. 거리의 사람들은 그만큼은 아니지만 초보 수준의 영어단어를 주고받는 것은 가능하다. 동남아시아의 도시 중에서는 생각보다 영어 소통이 원활한 도시이기 때문에 캄보디아어를 따로 쓸 일이 거의 없을 정도. 단, 현지인들의 영어 발음과 악센트를 처음에는 알아듣기 힘들 수도 있다.

2 유적 설명은 한국어 가능

영어로 의사소통이 되더라도 유적 설명까지 영어로 듣는 것은 힘든 일이다. 앙코르 유적 안에서 활동하는 공인 가이드 중에는 한국어를 능숙하게 하는 사람도 제법 있다. 또한, 한국인이 직접 설명해주는 투어도 있으므로 크게 걱정할 필요 없다.

3 툭툭 기사가 문제

여행자들과 대화가 많은 툭툭 기사 중에는 오히려 영어로 대화가 잘 안 되는 사람들이 많다. 펍 스트리트 앞에서 적극적으로 호객을 하는 툭툭 기사들은 사정이 조금 나은 편이다. 대신 길거리에 서 있거나 호객을 하지 않는 기사들은 가격, 방향, 시간 정보를 영어로 주고받는데 어려움을 겪을 수 있다.

서바이벌 캄보디아어

인사		유용한 말	
안녕하세요.	쭘 리읍 쑤어 (격식)	이것은 얼마입니까?	니ㅎ (틀라이) 뽄만?
	쑤어 쓰다이 (비격식)	비싸다(가격) / 비싸요!	틀라이 / 틀라이 나ㅎ!
감사합니다.	어꾼	깎아주세요.	쏨 쪼 틀라이
대단히 감사합니다.	어꾼 쯔란	향채(고수)를 넣지 마세요.	쏨 꼼닥찌
실례합니다.	쏨 또	화장실은 어디에 있습니까?	번뚭뜩 너으 아에나?
괜찮습니다.	얻 아이 떼	도와주세요.	쏨 쭈어이 크놈

알아야 할 관광 에티켓이 있나요?

비록 경제적으로 빈국이지만 캄보디아 사람들은 자신들의 과거 문화에 대해 자부심이 강하다. 그 나라를 방문한 여행객으로서 현지 사람들과 그들의 문화를 존중해 주는 것이 당연하다. 캄보디아 관광청이 엄격하게 관리하고 있는 앙코르 유적을 관광할 때 필요한 7가지 에티켓을 살펴보자.

앙코르 유적에 붙어 있는 관광 에티켓
Visitor Code of Conduct

1 적절한 복장

앙코르의 거의 모든 유적에서 **무릎 이상 올라가는 짧은 반바지와 어깨가 드러나는 민소매 셔츠를 입고 입장할 수 없다.** 방문객이 워낙 많은 경우 그냥 지나갈 수는 있지만, 앙코르와트나 프놈 바켕의 중앙 성소에 들어갈 때, 앙코르 입장권을 구입할 때, 일출을 보러 앙코르와트 유적으로 들어갈 때처럼 관리인 앞을 지나갈 경우 입장을 거부당할 수 있다. 이를 노리고 유적 입구에서 반팔 티셔츠나 긴바지를 비싼 값에 판매하는 상인들이 있다.

너무 시원하게 입으면 유적에 들어가지 못할 수도 있다.

2 유적을 보호할 것

앙코르 유적들은 자연과 시간과 날씨에 의해서 지금도 조금씩 무너져 가고 있다. 여기에 매일 수천 명의 사람이 유적을 방문하면서 훼손이 더욱 빨라지고 있다. 유적을 만지거나, 깨지기 쉬운 돌 위에 앉는 행위도 문제가 될 수 있다. 특히, 벽에 낙서하는 것은 매우 심각한 행위이며, 끝이 뾰족한 우산, 삼각대, 하이힐은 유적을 쉽게 파손시킨다.

유적은 눈으로만 감상하자

3 정숙할 것

캄보디아 사람들은 원래 큰 소리로 말하는 것을 좋아하지 않는다. 더구나 지금도 기도를 드리는 엉직인 장소로 사용하고 있는 앙코르 유적 내에서는 말할 것도 없다. 소리를 지르거나, 크게 웃거나, 소음을 내는 행동은 다른 여행자들은 물론, 기도하고 있는 현지인들에게 심각한 방해가 된다.

울타리가 있는 곳은 들어가지 말자

4 금지구역에 들어가지 말 것

앙코르 유적을 방문해보면 어느 지역에 들어가지 말라는 표지판을 자주 볼 수 있다. 그중 대부분은 현재 복구가 진행 중인 곳이거나, 무너지기 쉬운 유적의 상태로부터 관광객을 보호하기 위한 것이다. 항상 자신의 안전을 우선해야 한다.

5 흡연은 절대 금물

앙코르 유적은 2012년부터 흡연 금지구역으로 지정되었다. 순간의 실수로 천 년 동안 지켜온 유적이 사라져버릴 수 있다. 또한, 쓰레기를 버리지 않는 것도 중요하다. 플라스틱이나 비닐 쓰레기를 버리면 넓은 유적에서 치울 사람이 부족하기 때문에 영원히 이곳에 남을 확률이 높다.

6 어린이로부터 물건을 사지 말 것

캄보디아는 경제적으로 매우 가난한 나라로, 거리에서 아이들이 관광객들에게 물건 파는 모습을 보는 것은 드문 일이 아니다. **아이들에게서 물건을 구입하거나 사탕이나 과자를 주거나 직접 돈을 주게 되면 이들은 점점 학교에 다니지 않을 확률이 높아진다.** 최근에는 강력한 단속으로 유적 내에서는 아이들을 보기 힘들지만, 캄보디아 어느 지역에서라도 지켜야 할 일이다.

만약 아이들을 돕고 싶다면 캄보디아의 교육 시설과 경제 전반에 도움을 주는 공인된 자선단체에 기부하는 것을 추천한다.

7 승려들을 존중할 것

캄보디아의 불교 승려들과 이야기하는 것은 얼마든지 가능하다. 하지만, 지켜야 할 규칙이 있다. 주황색 옷을 입고 눈에 띄는 승려들과 함께 사진을 찍고 싶다면 정중하게 허락을 구하자. 여성들은 수도승 옆에 너무 가까이 서거나 앉지 않도록 조심해야 한다. 특히 여성이 스님의 몸에 손을 대거나 포옹하는 행동은 절대 금물.

 Tip

앙코르 유적에서 사진 찍을 때 주의할 점

여행자 입장에서 유적 내외부에서 얼마든지 사진을 자유롭게 찍을 수 있다. 하지만, 상업적인 촬영이라면 미리 허가를 받아야 한다. 어떤 촬영을 할 것인지 그 내용도 중요하다. 과거 외국인들이 유적을 배경으로 누드 사진을 찍는 바람에 캄보디아인들의 공분을 산 적도 있었다. 최근 유행하고 있는 드론 촬영 역시 허가 없이는 절대 불가능하다.

여행 시작하기

우리나라 공항 안내

여행을 시작하는 첫날은 여행 기간의 컨디션과 기분을 좌우한다. 낯선 곳으로 향하는 첫날, 설레는 마음 때문에 중요한 물건을 빠뜨리기도 하고 어이없는 실수를 하기도 한다. 우리나라를 떠나는 출국 과정과 캄보디아로 들어가는 입국 과정은 해외여행의 첫 관문. 출입국관리소와 세관의 공식 절차들이 이어지는 날인 만큼 차분한 마음을 유지하자.

인천국제공항

인천국제공항은 에어서울을 이용해 씨엠립으로 들어가는 사람들이 이용하게 된다. 인천광역시 중구에 위치한 인천국제공항은 규모가 크고 수많은 노선이 있으므로, 출발 3시간 전에는 도착해야 여유 있게 출국 수속을 밟을 수 있다. 특히, 휴가철 성수기나 연휴 기간에는 출국 수속을 하는 사람들로 장사진을 이루기 때문에 평소보다 더 긴 대기시간을 예상해야 한다.

[주소] 인천광역시 중구 공항로 272
[홈피] www.airport.kr

CHECK 다른 물건은 현지에서 얼마든지 대체할 수 있지만, 여권만큼은 대체할 방법이 없다. 생각보다 많은 사람이 여권을 깜박하거나 여권의 남은 유효기간을 확인하지 않아서 낭패를 본다. 6개월 이상 유효기간이 남은 여권을 가방 안에 챙겨놓았는지 반드시 확인하자.

인천국제공항 가는 방법

1 리무진 버스
인천국제공항까지 가는 대표적인 교통수단이다. 서울, 경기 지역은 물론 지방에서도 인천국제공항행 리무진 버스를 운행하고 있다. 요금과 정류장 시간표 배차 간격 등은 공항 홈페이지나 공항 리무진 홈페이지를 참고한다.

[홈피] www.airportlimousine.co.kr

 Tip

인천국제공항의 긴급여권 발급 서비스

여권 재봉선이 분리되거나 신원정보지가 이탈되는 등 여권 자체에 결함이 있거나 여권 사무기관의 행정착오로 여권이 잘못 발급된 사실을 출국 당시에 발견한 경우, 국외의 가족이나 친인척의 사건 사고로 긴급히 출국해야 하거나 기타 인도적, 사업적 사유가 인정되는 경우에는 긴급여권 발급 서비스를 이용할 수 있다. 단, 5년 이내 2회 이상 여권 분실자, 거주여권 소지자, ESTA 승인을 통해 미국을 여행해야 하는 경우 등은 이용할 수 없다. 약 1시간 이상 소요되므로 일찍 공항으로 나서는 것이 좋다. 또한, 김해공항에서는 발급이 불가능하다.

● **외교부 인천국제공항 영사민원서비스 센터**
[위치] 인천국제공항 3층 출국장 F카운터 쪽 [오픈] 09:00~18:00 [휴무] 법정 공휴일 [전화] 032-740-2777~8

❷ 공항철도

서울역에서 출발하는 공항철도는 공덕역, 홍대입구역,
디지털미디어시티역, 김포공항역 등을 거쳐 인천국제
공항까지 연결된다. 배차 간격은 10분 전후이며, 서울역
기준으로 05:20부터 23:38까지 운행된다. 서울역에서
인천국제공항까지 논스톱으로 가는 직통열차는 오전
06:00부터 오후 10:20까지 운행된다.

[홈피] www.arex.or.kr

도심공항터미널 이용하기

**에어서울로 씨엠립으로 가는 여행자들은 광명역 도
심공항터미널에서 미리 탑승 수속, 수하물 보내기,
출국 심사를 할 수 있다.** 이곳에서 체크인을 하면 무
거운 짐을 들고 공항으로 이동할 필요가 없고, 인천국
제공항에서는 전용 출국 통로를 통해 빠르게 출국할
수 있다. 사람들로 붐비는 성수기에 특히 유용하다.

[주소] 경기도 광명시 광명역로 21 [전화] 02-899-9035

김해공항

에어부산은 부산–씨엠립을 왕복하
는 직항 노선을 운영하고 있다. 부
산 김해 경전철을 이용해 공항으로
이동할 수 있다. 경전철은 부산 메
트로 2호선과 사상역에서 흰승이
된다. 공항 리무진 버스는 2개의 노
선이 있다.

[주소] 부산광역시 강서구 공항진입로108
[전화] 1661-2626
[홈피] www.airport.co.kr/gimhae

우리나라에서 출국하기

공항에 무사히 도착했다면 아래의 출국 과정에 따라 비행기에 탑승하는 일만 남았다. 체크인 카운터로 가기 전에 기내 반입 불가 물품들은 미리 위탁수하물 안에 집어넣어 둘 것. 여권과 전자항공권, 면세품 인도증 등은 위탁수하물과 분리해 따로 보관하자.

Step 1 　카운터 확인

공항에 도착하면 출국장에 있는 운항 정보 안내 모니터에서 본인이 탑승할 항공사와 탑승 수속 카운터를 확인한 후, 해당 카운터로 이동한다.

Step 2 　탑승 수속

해당 항공사의 카운터에 여권과 항공예약번호나 전자항공권을 제시하고 위탁수하물을 부친다. 탑승권인 보딩 패스 Bording Pass와 짐표 Baggage Tag를 받은 다음, 탑승권에 적힌 게이트 번호와 탑승 시간을 확인한다. 온라인 체크인을 마치고, 따로 위탁수화물로 맡길 짐이 없을 경우 곧장 보안 검색창구로 이동한다.
CHECK 100ml 이상의 액체류와 맥가이버칼 등 기내 반입 금지 물품들은 반드시 위탁수하물 안에 넣어서 보내야 한다. 액체류를 기내에 반입하려면 100ml 이하의 개별 용기에 담아 1L짜리 투명 비닐 지퍼백 안에 넣어야 한다. 또한, 분리된 형태의 보조 배터리 및 휴대용 리튬이온 배터리(스마트폰, 노트북, 카메라 등에 사용하는 배터리)는 위탁수하물로 반입할 수 없다.

Step 3 　보안 검색

검색 요원의 안내에 따라 휴대한 가방과 소지품을 바구니에 담아 검색대 위에 올려놓는다. 노트북은 휴대한 가방과는 별도로 바구니에 담아서 올려놓아야 한다. 두꺼운 외투나 모자도 벗어야 하며, 상황에 따라 벨트와 신발을 벗어야 하는 경우도 있다.

Step 4 　출국 심사

출국 심사대 앞에서 줄을 서서 기다리다가 차례가 되면 출국 심사를 받는다. 모자나 선글라스를 반드시 벗어야 하며, 여권과 탑승권을 제시한다.
CHECK 자동 출입국 심사를 이용하면 사전 등록 절차 없이 빠르고 편리하게 출국 심사대를 통과할 수 있다. 단, 만 7세~18세 또는 인적사항 정보가 변경된 사람은 사전 등록이 필요하다. 자세한 정보는 홈페이지(www.ses.go.kr)를 확인한다.

Step 5 　탑승 게이트로 이동

탑승권에 적혀 있는 탑승 게이트로 이동한다. 가는 길에 면세점 등 공항 시설을 이용할 수 있으며, 출발 시간 30~40분 전(보딩 타임 10분 전)에는 탑승 게이트 앞에 도착해 있도록 하자.

캄보디아 입국하기

좁은 기내에서 약 5시간 30분이 지나면 씨엠립에 도착한다. 낯선 도시에 도착하는 설렘을 만끽하는 것은 잠시 미뤄두자. 캄보디아에 입국하기 위해 조금 신경 써야 할 절차들이 남아 있다. 서류 작성부터 입국 심사까지 잘 마무리하고 씨엠립에 들어가자.

Step 1 필수 서류 작성하기

씨엠립에 도착하기 전, 비행기 내에서 3장의 종이(비자신청서, 출입국카드, 세관신고서)를 나눠준다. 모든 기재 사항은 영문 대문자로 적고, 생년월일을 일, 월, 년 순서로 적는 것을 잊지 말자. 씨엠립 내 체류지 공란에는 도착하는 호텔 이름과 전화번호를 적으면 된다.

Step 2 입국장으로 이동

기내에서 빠뜨린 짐은 없는지 다시 한 번 확인한 뒤 비행기에서 내린다. 특히, 좌석 앞 포켓과 머리 위 짐칸에 남아 있는 물건이 없는지 체크. 공항이 작기 때문에 활주로에 착륙하면 청사 건물까지 직접 걸어가야 한다.

Step 3 도착비자 신청

입국 수속을 받기 전에 도착비자를 신청해야 한다. 입국장 오른쪽에 비자신청소가 있다. **여권, 증명사진, 작성한 비자신청서, 비자 발급비용 30달러**를 준비한다. 접수 후에 자신의 이름을 부르면 여권을 받아 들고 입국 심사대로 간다.

Step 4 입국 심사

출입국카드에 발급받은 비자번호를 기재한다. 비자번호는 왼쪽 그림 문장 아래에 있다. 입국 심사대 Passport Contol에 비자가 발급된 여권과 출입국카드를 가지고 줄을 선다. 모자와 선글라스는 착용하지 않는다.

Step 5 수하물 찾기

입국 심사대를 통과했다면 'Baggage Claim'이라 적힌 안내판을 따라 이동한다. 이동 후 자신이 타고 온 항공사의 노선명이 나와 있는 곳에서 짐을 기다린 후 찾으면 된다.

Step 6 세관 심사

세관신고서를 제출하고 나온다. 특별히 신고해야 할 물품이 없는 사람들은 'Nothing to Declare'라고 적힌 녹색 안내판이 있는 출구로 나가면 된다.

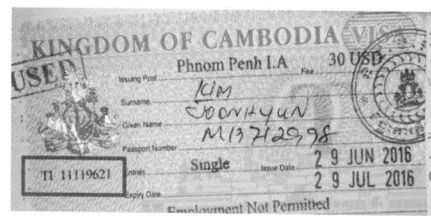

캄보디아 입국 비자. 빨간색 박스 부분이 비자번호다.

짐이 나오지 않는 경우

경유 항공편을 이용할 경우 수하물이 나오지 않는 경우가 있다. 짐이 나오지 않는다면, 수하물 찾는 곳의 배기지 서비스 Baggage Services에 짐표 baggage Tag를 보여주며 문의한다. 공항이나 항공사 잘못으로 짐이 늦게 도착하는 거라면 짐을 찾는 대로 호텔까지 보내 준다. 분실이나 파손된 경우는 항공사의 관련 규약에 따라서 보상을 받게 된다.

출입국카드, 비자신청서 작성하기

⚠️주의 모든 기재사항은 영문 대문자로 또박또박 작성한다. 사진을 미리 붙일 수 있는 양면테이프를 준비하면 좋다.

비자 신청서

ព្រះរាជាណាចក្រកម្ពុជា
KINGDOM OF CAMBODIA
ពាក្យសុំទិដ្ឋាការ
APPLICATION FORM
VISA ON ARRIVAL

• PLEASE COMPLETE WITH CAPITAL LETTER

성별

នាមត្រកូល **성**
Surname: .... □ ប្រុស **Male**

នាមខ្លួន **이름**
Given name: .... □ ស្រី **Female**

ទីកន្លែងកំណើត **출생지**
Place of birth: ....

Photograph
Please attach a recent
Passport photograph.

4 X 6

사진 부착

ថ្ងៃខែឆ្នាំកំណើត **생년월일**   សញ្ជាតិ **국적(KOREA)**
Date of birth: **일** DD / **월** MM / **년** YYYY   Nationality: ....

លេខលិខិតឆ្លងដែន **여권번호**   មុខរបរ **직업**
Passport N°: ....   Profession: ....

លិខិតឆ្លងដែនផ្តល់ឱ្យនៅថ្ងៃ **여권발급일**   លិខិតឆ្លងដែនផុតកំណត់នៅថ្ងៃ **여권만료일**
Date Passport issued: **일** DD / **월** MM / **년** YYYY   Date passport expires: **일** DD / **월** MM / **년** YYYY

ច្រកចូលមកពី **입국도시**   មកពី **출발도시**   លេខមធ្យោបាយធ្វើដំណើរ **항공편명**
Port of entry: ....   From: ....   Flight/Ship/Car N°: ....

អាសយដ្ឋានអចិន្ត្រៃយ៍ **한국 주소**
Permanent address: ....

E-mail: ....

អាសយដ្ឋាននៅកម្ពុជា **캄보디아 주소(호텔명)**
Address in Cambodia: ....

Details of children under 12 years old included in your passport who are traveling with you

Name: .... Date of birth: DD / MM / YYYY

Name: .... Date of birth: DD / MM / YYYY

Name: .... Date of birth: DD / MM / YYYY

방문 목적(TOUR)   **체류기간**
Purpose of visit: ....   Length of stay: ....

비자타입
Visa type (Choose one only)

여행비자
ទិដ្ឋាការទេសចរណ៍/Tourist visa (T) ☑   ទិដ្ឋាការធម្មតា/Ordinary visa (E) □   ទិដ្ឋាការផ្លូវការ/Official visa (B) □

ទិដ្ឋាការពិសេស/Special visa (K) □   ទិដ្ឋាការការទូត/Diplomatic visa (A) □   ទិដ្ឋាការបដិភាគ/Courtesy visa (C) □

ផ្សេងៗ/Other ....

I declare that the information given on this form is correct to the best of my knowledge and belief.

비자신청일
Date **일** DD / **월** MM / **년** YYYY

Signature **서명**

For official use only

General Department of Immigration
N° 322, Russian Blvd., Phnom Penh

Website: www.immigration.gov.kh
Email: visa.info@immigration.gov.kh

출입국 카드

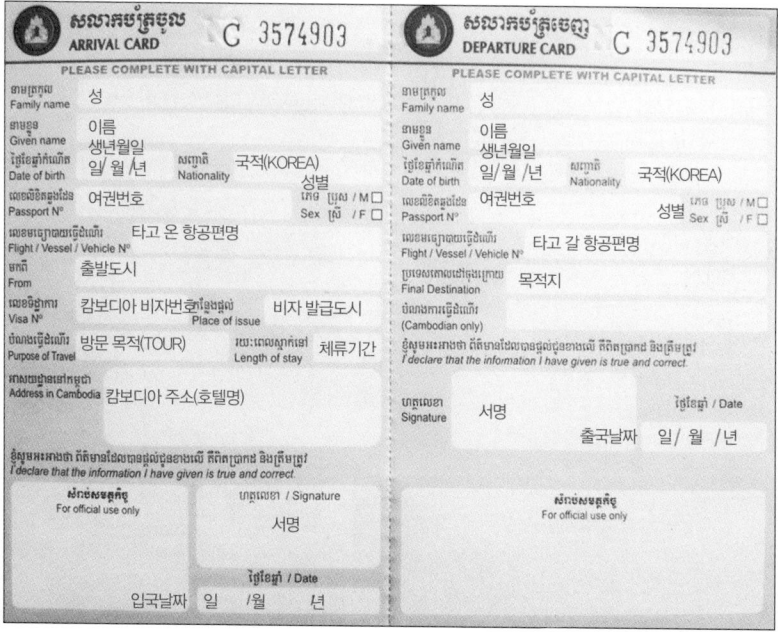

សលាកបត្រចូល **ARRIVAL CARD** C 3574903

PLEASE COMPLETE WITH CAPITAL LETTER

ឈ្មោះត្រកូល Family name	성
ឈ្មោះខ្លួន Given name	이름
ថ្ងៃខែឆ្នាំកំណើត Date of birth	생년월일 일/월/년 សញ្ជាតិ Nationality 국적(KOREA)
លេខលិខិតឆ្លងដែន Passport N°	여권번호 ភេទ ប្រុស /M □ Sex ស្រី /F □
លេខយន្តហោះ Flight / Vessel / Vehicle N°	타고 온 항공편명
មកពី From	출발도시
លេខទិដ្ឋាការ Visa N°	캄보디아 비자번호 ចេញឲ្យនៅ Place of issue 비자 발급도시
បំណងការធ្វើដំណើរ Purpose of Travel	방문 목적(TOUR) រយៈពេលស្នាក់នៅ Length of stay 체류기간
អាសយដ្ឋាននៅកម្ពុជា Address in Cambodia	캄보디아 주소(호텔명)

ខ្ញុំសូមអះអាងថា ព័ត៌មានដែលបានផ្ដល់ជូនខាងលើ គឺពិតប្រាកដ និងត្រឹមត្រូវ។
I declare that the information I have given is true and correct.

| សំរាប់សមត្ថកិច្ច For official use only | ហត្ថលេខា / Signature 서명 |
| | ថ្ងៃខែឆ្នាំ / Date |
| 입국날짜 일 /월 년 |

សលាកបត្រចេញ **DEPARTURE CARD** C 3574903

PLEASE COMPLETE WITH CAPITAL LETTER

ឈ្មោះត្រកូល Family name	성
ឈ្មោះខ្លួន Given name	이름
ថ្ងៃខែឆ្នាំកំណើត Date of birth	생년월일 일/월/년 សញ្ជាតិ Nationality 국적(KOREA)
លេខលិខិតឆ្លងដែន Passport N°	여권번호 성별 ភេទ ប្រុស /M □ Sex ស្រី /F □
លេខយន្តហោះ Flight / Vessel / Vehicle N°	타고 갈 항공편명
ប្រទេសគោលដៅចុងក្រោយ Final Destination	목적지
បំណងការធ្វើដំណើរ (Cambodian only)	

ខ្ញុំសូមអះអាងថា ព័ត៌មានដែលបានផ្ដល់ជូនខាងលើ គឺពិតប្រាកដ និងត្រឹមត្រូវ។
I declare that the information I have given is true and correct.

| ហត្ថលេខា Signature | 서명 ថ្ងៃខែឆ្នាំ / Date |
| | 출국날짜 일/ 월 /년 |

| សំរាប់សមត្ថកិច្ច For official use only | |

Tip

항공기의 기내지도 좋은 자료

가이드북이 없고 작성 순서가 헷갈린다면 자신이 타고 있는 항공기의 기내지를 살펴보자! 에어서울과 에어부산 모두 기내지 뒤편에 캄보디아 출입국카드, 비자 신청서, 세관신고서 작성법을 상세하게 표시해 놓았다.

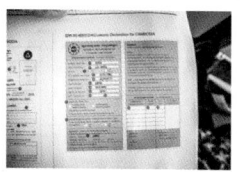

웃돈 요구 대처요령

씨엠립에 입국할 때 가장 신경 쓰이는 것 중 하나가 바로 '1달러 비자비'로 알려진 웃돈 요구다. 비자 받을 때 공무원에게 1달러를 주지 않으면 제일 뒤에 처리해준다는 것. 과거에는 매우 악명이 높았고 대사관에서도 신경 쓰고 있지만, 완전히 근절되지 않고 있다. 다만, 우리나라 사람들에게만 요구한다는 것은 소문일 뿐, 중국과 싱가포르 등 다른 나라 여행객들에게도 농일하게 요구하고 있다. 최근에는 많이 줄어들었지만, 요구를 받을지는 복불복. 웃돈을 안 줘서 입국 못 하는 일은 벌어지지 않는다. 다음과 같이 대응하자.

❶ 서류를 완벽하게 작성한다. ❷ 발급비 30달러를 정확하게 준비한다.
❸ 사진을 미리 준비하고 붙여 둔다. ❹ 요구를 받을 시에 돈이 없다고 말하고 감정적으로 대응하지 않는다.

캄보디아 출국하기

한국으로 가는 비행기는 대부분 늦은 밤 자정 무렵에 출발한다. 공항이 시내에서 멀지 않고 규모가 작기 때문에 비행기 출발 2시간 전까지 공항에 도착해 수속을 밟으면 된다.

Step 1 공항으로 이동하기

여행을 마치고 공항으로 이동할 때는 툭툭이나 호텔, 여행사의 샌딩 서비스를 이용할 수 있다. 일부 숙소에서는 공항까지 드롭 오프를 제공하기도 한다. 공항으로 가는 교통편을 예약할 때 시간과 픽업하는 호텔 이름을 다시 한 번 확인한다.

Step 2 탑승 수속

공항에 도착했다면, 모니터를 보고 본인이 탑승할 항공사의 체크인 카운터를 확인한 후 수속 카운터로 간다. 공항이 작기 때문에 항공사 카운터를 찾는 것은 어렵지 않다.

Step 3 출국 심사 및 보안 검색

간단하게 여권과 항공권을 검사한 후 출국 심사를 받는다. 이때 **입국할 때 비자신청서와 함께 작성했던 출국 카드를 잃어버리지 않도록 주의한다.** 심사가 끝나면 기내에 들고 탈 짐을 검색대에 올려 검사를 받는다.

씨엠립공항 체크인 카운터

면세 구역

출국 심사대

Step 4   탑승 대기

출국 심사를 마치면 면세 구역으로 이동한다. 면세점이 모여 있는 입구를 지나면 기념품점과 카페, 푸드코트와 패스트푸드점이 있다. 면세점과 카페를 제외하고는 밤 12시면 영업을 마친다. 기념품점에는 씨엠립 시내에서 봤던 기념품(수공예품, 커피, 과자, 전통술 등)이 있는데, 시내보다 가격이 2배 이상 비싼 품목이 많다.

Step 5   비행기 탑승

이제는 한국으로 돌아갈 시간. 공항 직원의 안내에 따라 건물 밖으로 나가 활주로 방향으로 직접 걸어가서 비행기에 탑승한다. 캄보디아의 공기를 마지막으로 마셔본다.

Step 6   귀국하기

비행기는 다음날 아침 한국에 도착한다. 공항에 도착하기 전에 세관신고서를 작성한다. 만약 경유편의 지역이 검역 감염병 오염 지역일 경우에는 건강상태 질문서를 작성해야 한다. 두 문서 모두 허위로 작성한 것이 발견되었을 때 처벌이나 벌금이 있을 수 있으므로 솔직하게 작성하도록 한다.

인천공항 검역 검사대

Angkor Wat Guide

지역 가이드

씨엠립
앙코르 유적

AREA 1

씨엠립

Siem Reap

씨엠립은 앙코르와트를 보기 위해 반드시 거쳐야 하는 관문 도시다. 인구는 약 15만 명 정도지만, 1년에 3백만 명이 넘는 여행자들이 이곳을 찾는다. 그래서 캄보디아의 수도인 프놈펜보다 더 이름이 잘 알려져 있다. 작은 지방 도시임에도 중심가에는 여행자들을 위한 세련된 카페와 식당이 넘쳐나고, 밤을 위한 흥겨운 펍과 아기자기한 나이트마켓이 있어서, 유적을 만나러 온 여행자들에게 기대 이상의 휴식과 재미를 제공한다.

N

| 0 | 5km | 10km |

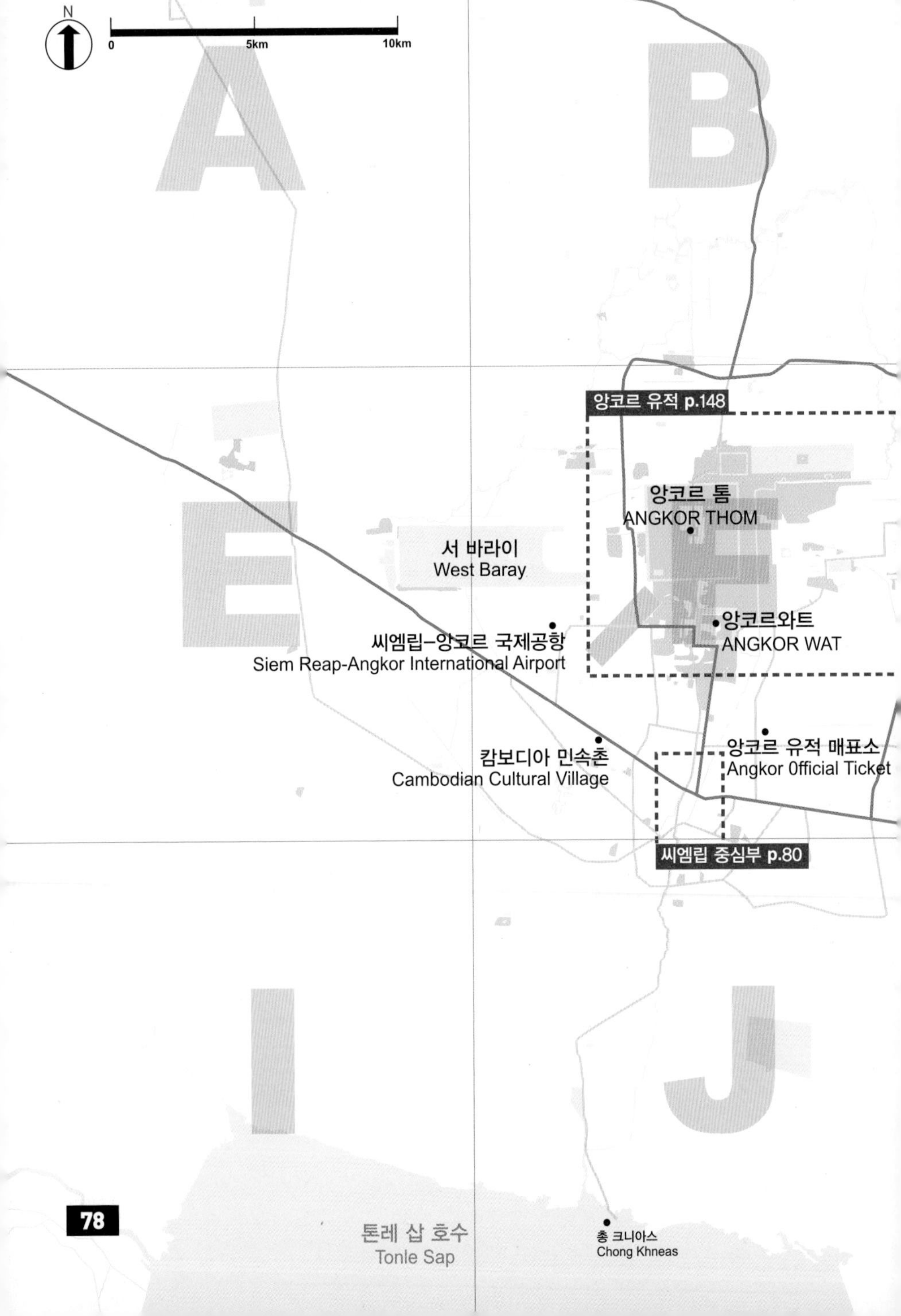

앙코르 유적 p.148

앙코르 톰
ANGKOR THOM

서 바라이
West Baray

앙코르와트
ANGKOR WAT

씨엠립-앙코르 국제공항
Siem Reap-Angkor International Airport

캄보디아 민속촌
Cambodian Cultural Village

앙코르 유적 매표소
Angkor Official Ticket

씨엠립 중심부 p.80

톤레 삽 호수
Tonle Sap

총 크니아스
Chong Khneas

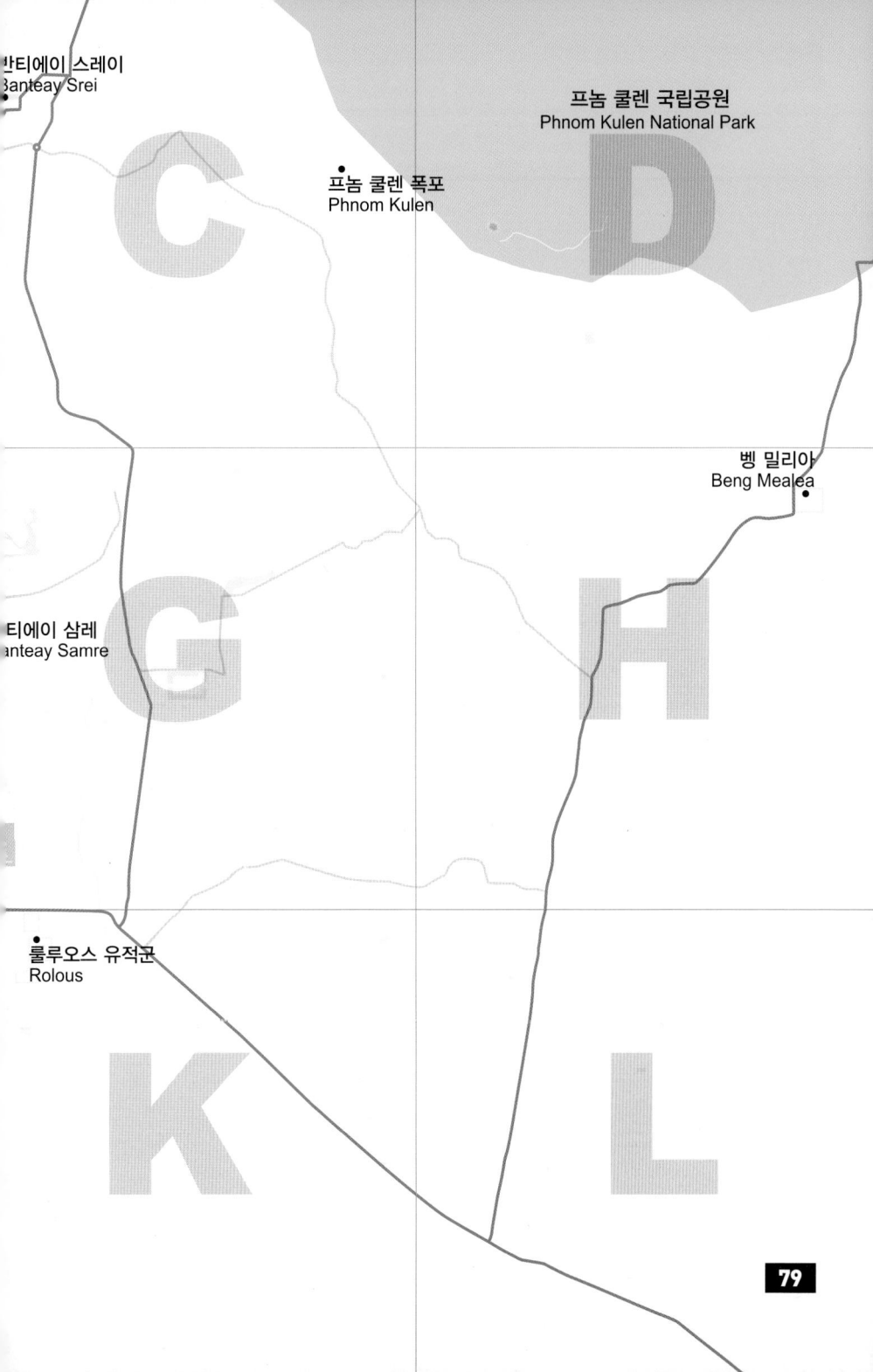

반티에이 스레이
Banteay Srei

프놈 쿨렌 국립공원
Phnom Kulen National Park

프놈 쿨렌 폭포
Phnom Kulen

벵 밀리아
Beng Mealea

C

D

G

H

I

반티에이 삼레
Banteay Samre

룰루오스 유적군
Rolous

K

L

79

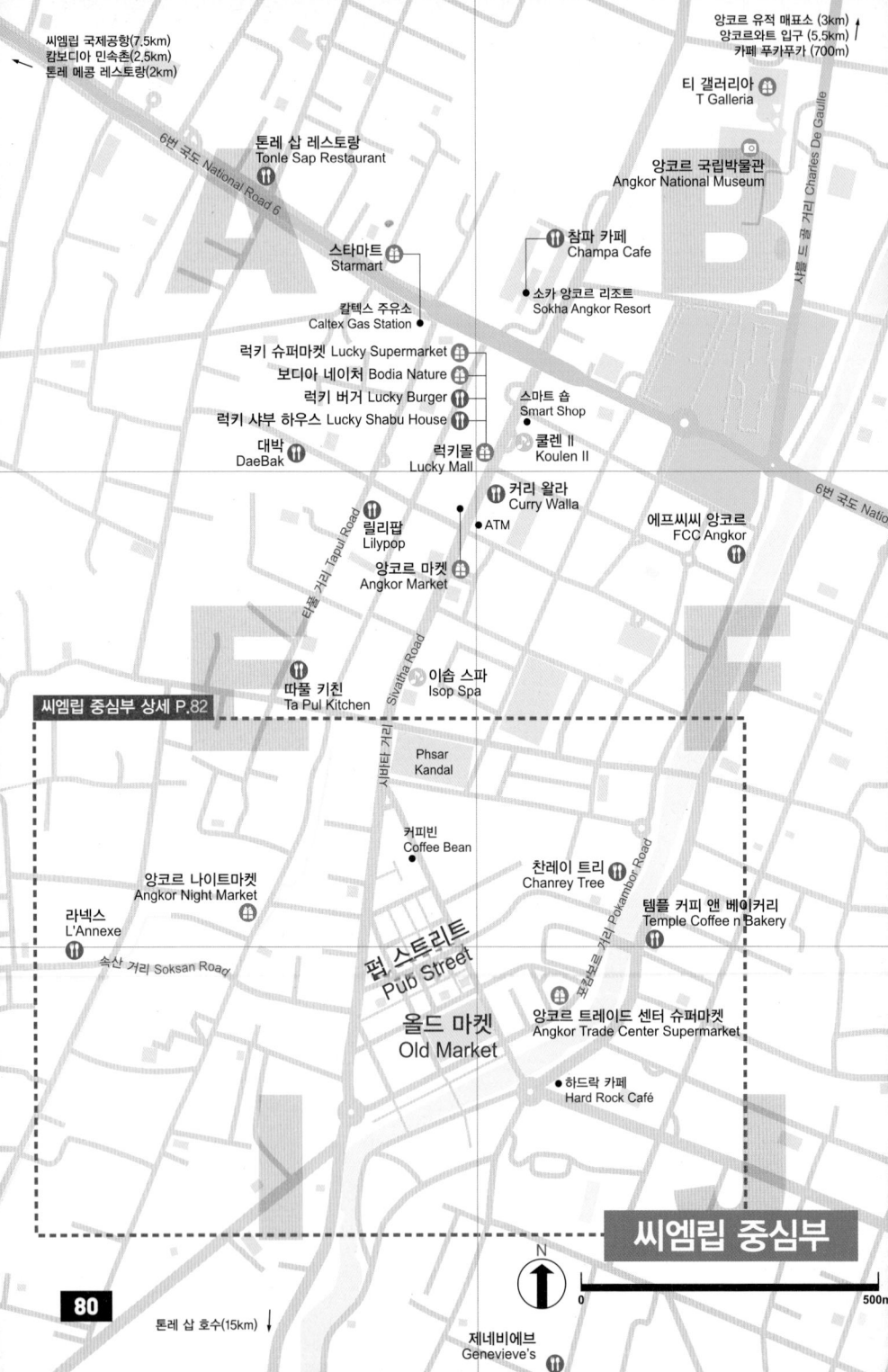

씨엠립 국제공항(7.5km)
캄보디아 민속촌(2.5km)
톤레 메콩 레스토랑(2km)

앙코르 유적 매표소 (3km)
앙코르와트 입구 (5.5km)
카페 푸카푸카 (700m)

티 갤러리아
T Galleria

톤레 샵 레스토랑
Tonle Sap Restaurant

6번 국도 National Road 6

앙코르 국립박물관
Angkor National Museum

참파 카페
Champa Cafe

스타마트
Starmart

소카 앙코르 리조트
Sokha Angkor Resort

칼텍스 주유소
Caltex Gas Station

럭키 슈퍼마켓 Lucky Supermarket
보디아 네이처 Bodia Nature
럭키 버거 Lucky Burger
럭키 샤부 하우스 Lucky Shabu House

스마트 숍
Smart Shop

쿨렌 II
Koulen II

대박
DaeBak

럭키몰
Lucky Mall

커리 왈라
Curry Walla

릴리팝
Lilypop

ATM

에프씨씨 앙코르
FCC Angkor

앙코르 마켓
Angkor Market

시바타 거리 Sivatha Road

타풀 거리 Tapul Road

6번 국도 National

따풀 키친
Ta Pul Kitchen

이솝 스파
Isop Spa

씨엠립 중심부 상세 P.82

Phsar
Kandal

서바래 거리

커피빈
Coffee Bean

찬레이 트리
Chanrey Tree

포쿰보르 거리 Pokambor Road

앙코르 나이트마켓
Angkor Night Market

라넥스
L'Annexe

템플 커피 앤 베이커리
Temple Coffee n Bakery

속산 거리 Soksan Road

펍 스트리트
Pub Street

올드 마켓
Old Market

앙코르 트레이드 센터 슈퍼마켓
Angkor Trade Center Supermarket

하드락 카페
Hard Rock Café

씨엠립 중심부

N

0   500m

톤레 샵 호수(15km)

제네비에브
Genevieve's

차를 드 골 거리 Charles De Gaulle

Cafe Central, Siem Reap

N

0   300m

앙코르 나이트마켓
Angkor Night Market

아일랜드 바 ●
Island Bar

라넥스
L'Annexe

리디 라인 앙코르 레지던스
Rithy Rine Angkor Residence

휘멩 미니마트
Huy Meng Minimart

젤라
Gelato

바욘 부티크
Bayon Boutique

빨래방
●

코끼리 상 ●

골든 프리미어 인
Golden Premier Inn

Angkor Night Market Street

영화관 ●
Platinum Cineplex

분수 로터리 ●

Phsar Kandal

리틀 레드 폭스
The Little Red Fox

Huabang Street

Central Market Street

더 하이브 카페
The Hive Cafe

커피빈
Coffee Bean

찬레이 트리
Chanrey Tree

Street 07

아사나 올드 우든 하우스
Asana Old Wooden House

2 Thnou Street

미스 웡
Miss Wong

템플 마사지
Temple Massage

보디아 스파
Bodia Spa

포캄보르 거리 Pokambor Road

템플 커피 앤 베이커리
Temple Coffee n Bakery

일 포르노
Il Forno

사원
Wat Prom Rath

펍 스트리트
Pub Street

블루 펌킨
Blue Pumpkin

아노
ano

크메르 키친
Khmer Kitchen

피프티5
Fifty5 Kitchen-Bar

앙코르 트레이드 센터 슈퍼마켓
Angkor Trade Center Supermarket

하드락 카페
Hard Rock Café

베리 베리
Very Berry

크메르 영
Khmer Yeung

올드 마켓
Old Market

시스터 스레이 카페
Sister Srey Cafe

아이 러브 캄보디아
I ♡ Cambodia

크루 크메르
Kru Khmer

ATM

Art Center Night Market

83

씨엠립 한눈에 보기

씨엠립에 오면 앙코르 유적밖에 볼 게 없을 거라고 단정 짓지 말 것.
시내 볼거리는 박물관과 민속촌뿐이지만, 대신 공연, 펍, 나이트마켓 등 다채로운 즐길 거리가 있다.

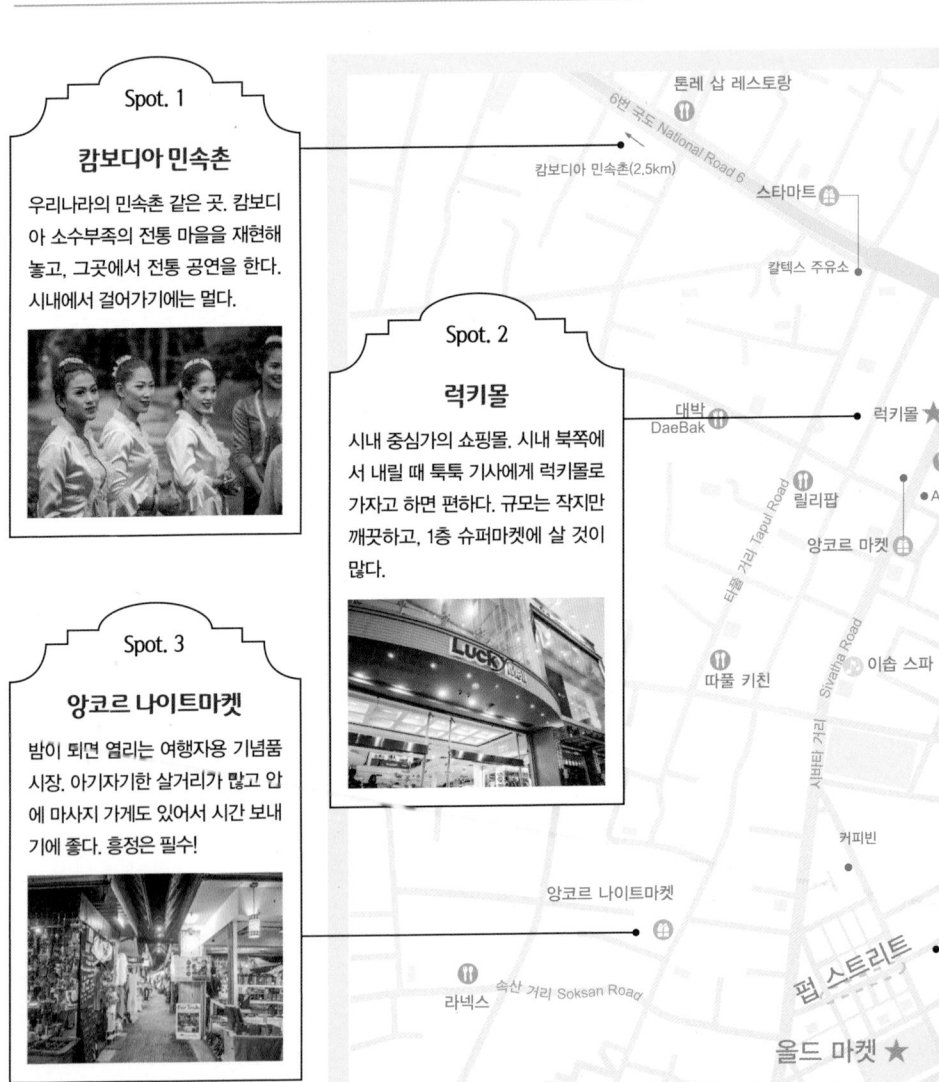

Spot. 1

캄보디아 민속촌

우리나라의 민속촌 같은 곳. 캄보디아 소수부족의 전통 마을을 재현해 놓고, 그곳에서 전통 공연을 한다. 시내에서 걸어가기에는 멀다.

Spot. 2

럭키몰

시내 중심가의 쇼핑몰. 시내 북쪽에서 내릴 때 툭툭 기사에게 럭키몰로 가자고 하면 편하다. 규모는 작지만 깨끗하고, 1층 슈퍼마켓에 살 것이 많다.

Spot. 3

앙코르 나이트마켓

밤이 되면 열리는 여행자용 기념품 시장. 아기자기한 살거리가 많고 안에 마사지 가게도 있어서 시간 보내기에 좋다. 흥정은 필수!

톤레 삽 레스토랑
6번 국도 National Road 6
캄보디아 민속촌(2.5km)
스타마트
칼텍스 주유소
대박 DaeBak
럭키몰 ★
릴리팝
타풀 거리 Tapul Road
● ATM
앙코르 마켓
시바타 거리 Sivatha Road
이솝 스파
따풀 키친
커피빈
시바타 거리
앙코르 나이트마켓
펍 스트리트
속산 거리 Soksan Road
라넥스
올드 마켓 ★

Spot. 4

앙코르 국립박물관

앙코르 유적 탐험의 완성은 국립박물관에서. 돌무더기로만 보였던 유적의 나머지 이야기가 채워지는 기분이다. 입장료는 비싸도 생각보다 볼 것이 많다.

Spot. 5

압사라 댄스

흑백 부조 속의 무용수들이 컬러로 살아 움직이는 기분. 섬세하고 오묘한 손동작이 공연의 핵심이다. 시내에서는 쿨렌 Ⅱ 뷔페 식당에서 관람할 수 있다.

앙코르 국립박물관

참파 카페

소카 앙코르 리조트

스마트 숍

쿨렌 Ⅱ

ㅣ 왈라

에프씨씨 앙코르

6번 국도 Nat

Spot. 6

펍 스트리트

술집, 식당, 카페, 마사지 가게, 노점들이 다닥다닥 모여 있는 그야말로 여행자만을 위한 거리. 저녁 5시 이후 해피아워 시간에는 생맥주 한 잔에 1달러!

Spot. 7

올드마켓

시내 남쪽에 있는 또 하나의 랜드마크. 바깥에서 얼핏 보면 여행자용 기념품 시장 같지만, 안으로 들이가면 현지인늘의 진짜 시장이 펼쳐진다.

찬레이 트리

포캄보르 거리 Pokambor Road

템플 커피 앤 베이커리

HOW TO GO
씨엠립 가는 방법

씨엠립은 앙코르 유적으로 가는 관문이 되는 도시다.
한국에서 직항노선이 있어서 편리하게 갈 수 있다.

한국에서 들어가기

우리나라에서는 인천에서 출발하는 에어서울과 부산 출발 에어부산이 씨엠립으로 가는 직항 노선을 운영하고 있다. 단, 매일 운항하지 않으므로 스케줄을 운항요일에 맞춰야 한다.

한국 ▶▷ 씨엠립 항공노선

항공사	출발공항	운항요일
에어서울	인천공항	수, 목, 토, 일
에어부산	김해공항	수, 목, 토, 일

출발 시간	도착시간	소요시간
19:15	23:05	5시간 50분
20:00	23:30	5시간 30분

※항공사 사정에 따라서 운항 스케줄이 변경될 수 있습니다.

주변 국가에서 씨엠립으로 가기

앙코르 유적이라는 중요한 관광자원이 있기 때문에 다른 동남아시아 국가에서 갈 때 캄보디아 수도인 프놈펜을 거치지 않고 곧장 씨엠립으로 가는 항공 노선이 많다. 특히, 에어아시아나 비엣젯 등 저가항공사를 이용하면 항공요금이 저렴하므로 동남아시아의 다른 도시들과 함께 여행하는 경로도 생각해보자.

각 도시별 운항사

- **태국 방콕** – 에어아시아, 방콕 에어웨이
- **베트남 하노이** – 베트남항공, 비엣젯
- **라오스 루앙프라방** – 베트남 항공, 라오항공
- **말레이시아 쿠알라룸푸르** – 에어아시아

씨엠립-앙코르 국제공항

씨엠립-앙코르 국제공항은 2006년에 건설한 공항으로, 전체적으로 깔끔하게 유지되고 있다. 공항은 출발 층과 도착 층이 서로 연결된 1개의 동으로 되어서 규모가 크지 않다. 도착 비자를 받고 입국 수속을 마친 후 짐을 찾아서 문을 나오면 택시 카운터와 환전소, 유심 판매소가 모두 한자리에 있다. 대부분의 시설은 한국발 비행기가 도착하는 시간까지 운영한다.

씨엠립-앙코르 국제공항

1 공항 도착 층. 짐 찾는 곳을 나오면 곧장 실외다. 2 유심판매소. 다음 날 아침 일찍 투어를 시작해서 시내에서 유심을 살 수 없다면 공항에서 구입하는 것이 편리하다. 3 공항 환전소. 유심 구입비 및 택시비를 달러로 받기 때문에 공항에서 따로 환전할 필요는 없다.

CHECK 씨엠립 공항의 도착 층은 다른 도시의 공항과는 달리 지붕만 있는 실외로 되어 있다. 문을 나서자마자 후덥지근한 공기와 마주하게 되므로 필요한 짐정리와 복장 체크는 짐 찾는 곳에서 마무리하는 것이 좋다.

● 씨엠립-앙코르 국제공항
Siem Reap-Angkor International Airport

공항코드 REP(IATA), VDSR(ICAO)

지도 p.78F 위치 씨엠립 시내에서 자동차, 툭툭으로 15~20분 주소 NR6, Krong Siem Reap 전화 +855 63 761 261

공항에서 시내로 들어가기

공항은 씨엠립 시내에서 북서쪽으로 약 8km 떨어져 있다. 시내로 가는 셔틀버스나 시내버스는 없으므로, 미리 픽업을 신청하거

공항 택시 카운터

나 공항에서 대기하는 택시를 이용해야 한다. 공항 도착 층 로비에 택시 카운터가 있어서 비용을 지불하면 차량을 배정해준다. 시간대에 따라서 요금이 달라지며, 한국발 비행기가 도착하는 시간에는 더 비싸진다.

CHECK 씨엠립의 숙소들은 방을 예약하면 무료 픽업 서비스를 제공하는 곳들이 많다. 중저가 숙소 비용이 하룻밤에 20~25달러인 것을 생각하면 이득이 크다. 숙소에 픽업 서비스를 제공하는지 확인하고 날짜와 픽업 시간, 인원수를 꼭 확인받는다. 무료 픽업 서비스로 나오는 툭툭에는 짐을 싣고 나면 1, 2명만 탈 수 있다.

공항-시내 이동 요금

운영시간	요금
06:30~23:00	미니밴 15달러, 승용차 10달러, 툭툭·오토바이 9달러
23:00~06:30	미니밴 20달러, 승용차 15달러, 툭툭·오토바이 14달러

씨엠립 시내 교통

여행자들이 주로 다니는 씨엠립의 구시가는 도보로 충분히 다닐 수 있는 크기다.
필요할 때마다 툭툭을 대절하거나 자전거를 대여하면 어디든 쾌적하게 다닐 수 있다.

도보

시내 북쪽의 랜드마크인 럭키몰에서 남쪽 강변의 올드 마켓까지 거리상으로는 1.2km, 도보로 15분 정도 걸린다. 대부분의 식당과 숙소, 기념품가게, 마사지 숍들이 이 둘 사이에 있기 때문에 굳이 툭툭을 잡지 않더라도 걸어서 이동하는 데는 큰 문제가 없다. 좀 더 북쪽에 있는 국립박물관은 올드마켓과 1.8km 정도 떨어져 있다.

CHECK 한낮에 걸어서 이동하려면 씨엠립의 날씨를 고려해야 한다. 기온이 올라가고 해가 강한 시간에 빠르게 걸으려고 하면 쉽게 지친다. 선크림과 선글라스, 양산을 준비하고 느긋하게 이동한다. 우기처럼 스콜이 쏟아지는 시기에는 잠시 카페나 식당에서 비를 피하거나 거리가 짧더라도 툭툭을 잡아타는 것이 좋다.

툭툭

택시가 없는 씨엠립에서 택시처럼 이용할 수 있는 교통수단이다. 시내 어디서든 대기 중인 툭툭을 쉽게 발견할 수 있다. 무허가처럼 보이지만 툭툭을 운영하려면 허가를 받아야 하고 세금도 내야 한다. 소음도 강하고 먼지와 더위, 비를 피하기는 힘들지만 짧은 거리를 이동하는 데는 큰 문제가 없다. 시내의 대부분 지역을 2~3달러로 갈 수 있고, 3명까지 탑승할 수 있다.

CHECK 야간의 펍 스트리트 부근처럼 관광객이 많은 지역에서는 툭툭 기사들이 대기하고 있는데, 이 경우 가격을 올려 부르는 경우가 많다. 더 낮은 가격으로 이동할 수 있는지 항상 흥정에 임할 것.

요금 시내 단거리 편도 2~3달러, 민속촌 편도 3~4달러

맘에 드는 툭툭 기사를 찾아서

만약 숙소나 여행업체에 미리 툭툭 기사를 예약하지 않았다면, 씨엠립에서 맘에 드는 툭툭 기사를 찾는 것은 노력과 운이 함께 필요한 일이다. 단거리를 이동하기 위해 툭툭을 타보면, 대부분의 툭툭 기사들이 다음 유적 일정이나 앙코르 일출을 보러 갈 계획이 없냐고 물어본다. 만약 한번 이용해본 툭툭 기사의 태도가 마음에 들고, 부르는 가격이 세지 않으면 다음 일정도 함께 해보는 것도 좋다.

툭툭 Tuk Tuk

툭툭 애플리케이션 패스 앱 Pass App

씨엠립에서 가장 스트레스 받는 일 중 하나가 툭툭 기사를 찾고 가격을 흥정하는 것이다. 이제 툭툭 애플리케이션이 생기면서 그런 스트레스를 덜 받게 되었다. 패스 앱은 캄보디아의 택시 앱으로 우리나라 카카오 택시와 이용방법이 비슷하다. 차량 종류가 3가지인데, 툭툭은 근거리, 차량은 원거리에 이용한다.

패스앱 사용법

❶ 휴대폰에 애플리케이션을 설치한다(안드로이드, 애플 모두 가능).
❷ 전화번호와 인증코드, 이메일을 이용해서 회원가입한다(한국 전화번호로도 가능).
❸ 지도에 표시된 내 위치에 픽업 위치를 지정한다. Set Pickup
❹ 차량 종류를 선택한다. 자동차, 릭샤(미니 삼륜차), 크메르 툭툭
❺ 내릴 위치를 지정한다. 직접 이름을 쓰거나 지도 위에서 선택할 수 있다. Add Drop off / Confirm Booking
❻ 목적지에 도착한 후 도착 버튼을 누른다. 운전자의 앱에 표시된 요금을 확인한다. 리엘로 표시되며 달러와 리엘로 지불한다.

CHECK 럭키몰이나 펍 스트리트 근처처럼 목이 좋은 곳에는 패스 앱을 사용하는 툭툭 기사들이 못 들어가는 경우가 있다. 조금 걸어 나와서 픽업 장소를 선택해야 한다.

자전거

자전거로 앙코르 유적을 둘러보는 것은 육체적으로 매우 힘든 일이지만, 시내를 돌아다니는 정도라면 쾌적하게 이용할 수 있다. 숙소나 대여점에서 자전거를 빌릴 수 있다. 1일 대여는 1~2달러 정도로 매우 저렴하다.

요금 1일 대여 1~2달러

씨엠립 실용 정보

앙코르 유적에 대해서는 준비를 많이 해도, 정작 씨엠립에 대해서는 빈 손으로 오는 경우가 많다.
시간을 허비하지 않으려면 씨엠립에서 무엇을 할지 어떻게 다닐지에 대한 정보는 한국에서 미리 알아오는 것이 좋다.

유심

씨엠립 공항에서 유심(심카드)을 구입하지 않았다면 시내에 있는 유심판매소를 찾아간다. 4G 데이터를 사용할 수 있는 유심을 판매한다. 요금은 프로모션에 따라서 다르지만, 2GB에 3달러, 4GB에 5달러 정도이며 유심비는 별도다. 이용 기간은 한 달까지 가능하다. 여기에 국제 통화까지 하려면 추가 요금이 붙는다.

CHECK 데이터 유심을 판매하는 몇 개의 브랜드가 있지만, 시내에서 구입한다면 스마트 Smart를 추천한다. 씨엠립 시내에 2개의 큰 매장이 있는데 럭키몰 건너편 지점이 이용하기 편하다. 가격을 흥정할 필요가 없으며, 구매에서 세팅까지 직접 해준다.

Talk 씨엠립의 진짜 이름은?

영어로 Siem Reap, 우리에게는 보통 '씨엠립'으로 통용되지만, 본 발음은 '씨음리읍'에 가깝다. 최근 구글 검색이나 일부 TV 방송에서는 '시엠레아프'라고 사용하고 있는데, 현지 발음과는 거리가 멀다.

● 스마트 숍 (럭키몰 지점)

 지도 p.80ⓑ 위치 럭키몰 길 건너편 주소 50 Sivutha Blvd 오픈 월~토 07:30~20:00, 일 07:30~16:00 전화 +855 10 201 262 홈피 smart.com.kh

은행 ATM

캄보디아 은행의 ATM에서 국제 현금카드를 이용해 달러를 인출할 수 있다. 국제 현금카드를 사용할 수 있는 ATM을 찾으려면 씨엠립을 남북으로 가로지르는 메인 도로인 시바타 거리 Sivatha Road를 찾아가면 된다. 거리의 랜드마크라고 할 수 있는 럭키몰 안에 ATM이 있으며, 거리를 따라서 위치한 은행들에서도 ATM을 발견할 수 있다.

CHECK ATM을 이용할 경우 은행에 따라 1회 인출 한도가 다르며(400~600달러) 인출 수수료가 4~6달러 따로 붙는다.

여행사

한국에서 투어 상품을 구입하지 않았거나 영어로 진행하는 투어에 관심 있다면 현지 여행사에서 구입하면 된다. 시바타 로드와 올드마켓 주변에 있는 여행사들을 이용한다. 씨엠립의 일반적인 상품들과 마찬가지로 흥정의 여지가 있으므로 여러 여행사를 둘러보는 것이 좋다.

 Tip

현지 한국어 가이드 구하기

한국에서 충분히 공부를 하거나 책을 가져가는 것도 좋지만, 현장에서 직접 설명을 들으면 더욱 보람찬 여행이 될 수 있다. 앙코르 유적이 역사가 깊다 보니 현지에서 많은 가이드가 활발하게 활동하고 있다. 특히, 한국어를 능숙하게 하는 현지인 가이드도 있으며, 카카오톡으로 한국에서 예약도 할 수 있다. 한국어 가이드는 보통 1일 50달러 선, 여기에 차량 섭외와 투어 일정까지 함께 상의하게 된다. 블로그와 캄보디아 여행 커뮤니티를 검색해서 연락해야 한다.

CHECK 앙코르 유적 내에서 가이드를 하려면 자격증이 있어야 한다. 현지 정식 가이드는 노란 상의에 남색 바지를 입고 있다.

설명이 따로 없는 앙코르 유적을 이해하는데 가이드는 큰 도움이 된다.

TRAVEL COURSE

씨엠립 이렇게 여행하자

씨엠립 구시가의 남북 거리는 2km를 넘지 않는다.
도보와 툭툭을 적절히 이용해서 알차게 돌아다녀보자.

[여행 방법]

씨엠립 시내에서만 하루를 보내고자 하는 사람이라면, 툭툭을 하루 종일 대절할 필요 없이 날씨와 체력을 고려해서 필요할 때마다 이용하면 된다. 캄보디아 민속촌을 갈 때를 제외하고는 중간 중간 식당과 카페에서 휴식을 취하면 걸어서 충분히 돌아다닐 수 있다. 시내의 가볼만한 숍과 마켓에서 쇼핑을 즐기는 것도 잊지 말자.

- **5** 캄보디아 민속촌
- **2** 티 갤러리아
- **1** 앙코르 국립박물관
- 6번 국도 National Road 6
- 샤롤 드 골 거리 Charles De Gaulle
- **6** 대박
- ★ 럭키몰 Lucky Mall
- 타풀 거리 Tapul Road
- 6번 국도 National Road 6
- 시바타 거리 Sivatha Road
- **3** 찬레이 트리
- **8** 앙코르 나이트마켓
- 속산 거리 Soksan Road
- **7** 펍 스트리트
- **4** 템플 커피 앤 베이커리
- 폭암봉 거리 Pokambor Rd
- ★ 올드 마켓 Old Market

DAY 1

씨엠립 시내와 근교 볼거리를 보는 코스

볼거리에 관심 있는 사람은 박물관과 민속촌을, 그렇지 않은 사람은 카페와 시장, 숍 위주로 동선을 짠다.

①
앙코르 국립박물관

p.094

→ 도보 1분

②
티 갤러리아

p.136

→ 도보 15분
혹은
툭툭 5분

③
찬레이 트리

p.102

↓ 도보 2분

④
템플 커피 앤 베이커리

p.112

← 툭툭 15분

⑤
캄보디아 민속촌
(혹은 톤레 삽 투어)

p.096

← 툭툭 15분

⑥
대박 (혹은 압사라 댄스)

p.110

↓ 도보 12분
혹은
툭툭 4분

⑦
펍 스트리트

p.098

→ 도보 5분

⑧
앙코르 나이트마켓

p.132

📷 앙코르 국립박물관 Angkor National Museum

우리는 앙코르와트와 다른 유적들을 보기 위해 씨엠립에 왔지만, 실제로 이들 유적에는 돌을 쌓아 만든 건축물과 부조들 외에 다른 유물들을 찾아보기 힘들다. 각 유적이 어떤 모습이었을지, 어떤 유물들로 장식되어 있었는지 알고 싶다면 박물관에 가야 한다. 앙코르 국립박물관은 시내 중심가에서 얼마 떨어져 있지 않아서 도보로 찾아갈 수 있다. 박물관에는 **크메르의 왕들, 앙코르와트, 앙코르 톰, 고대의 복장 등의 주제로 8개의 전시실**이 있으며, 약 1,300여 점의 유물을 전시하고 있다.

그중에서 가장 많은 수의 유물이 바로 특설 갤러리인 천불상 전시실(1,000 Buddha Images)에 있다. 이곳 불상들은 우리나라의 불상과는 다른 느낌을 주는데, 그중 엎드려 있는 불상이 매우 독특하다. 불상 중에서도 **무찰린다 불상으로 불리는 3개의 불상이 박물관의 하이라이트**. 무찰린다는 석가모니가 깨달음을 얻기 위해 7일간 명상에 잠겨 있을 때 폭우로부터 석가모니를 지켜냈던 머리가 7개 달린 뱀으로, 짐승 중에서 가장 먼저 불가에 귀의한 것으로 알려졌다. 그 외에도 비슈누, 시바, 가네

국립박물관 실내 입구

지도 p.80ⓑ 위치 럭키몰에서 도보 13분 주소 968 Vithei, Charles De Gaull 오픈 4~9월 08:30~18:00, 10~3월 08:30~18:30 요금 입장료 $12, 오디오 가이드(한국어) $5 홈피 www.angkornationalmuseum.com

박물관 카페

오디오 가이드

샤 등 힌두교의 이미지를 대표하는 조각상도 볼 수 있다. 입장권에 오디오 가이드까지 포함하면 꽤 비싼 비용을 지불해야 하므로 앙코르 유적만 보고 가기엔 아쉬운 사람이나 박물관과 유물에 지대한 관심이 있는 사람에게 추천한다.

CHECK 한국어로 설명해주는 오디오 가이드를 빌릴 수 있다. 요금은 5달러 별도. 참고로 박물관 내부 사진은 찍을 수 없다.

바욘 스타일의 코끼리 사자
Gajasimha

> **Tip**
>
> ### 가벼운 쇼핑을 즐길 수 있는 기념품점
>
> 박물관 1층에는 기념품점이 있다. 스카프, 티셔츠, 머그컵, 비누 등 다양한 상품이 있는데, 올드마켓의 물건들보다 질이 더 좋다. 또한, 1층에 카페가 있어서 잠시 쉬어가기에도 좋다. 본격적으로 쇼핑을 즐기고 싶다면 박물관과 연결된 티 갤러리아(p.136)에 들러 보자.
>
>
> 기념품으로 좋은 머그컵

📷 캄보디아 민속촌 Cambodian Cultural Village

우리나라의 민속촌 같은 곳이 씨엠립에도 있다. 씨엠립 시내에서 공항 방향으로 약 4km 떨어진 곳에 있어서 가려면 툭툭이나 자동차를 타야 한다. 넓은 부지에 캄보디아에 사는 여러 소수민족의 마을을 만들고 전통 가옥을 세워 놓았는데, 우리나라 민속촌처럼 이곳의 핵심 볼거리도 전통 가옥보다는 공연이다. 각 소수민족 마을에서 시간대에 따라서 부족과 관련된 공연을 한다. 공연 중에서 **가장 인기 있는 것은 크롱 마을의 '신랑 고르기'**(오후 5시~5시 30분) 그리고 **가장 규모가 큰 것은 '자야바르만 7세 대제전'**(금·토·일 저녁 7시~8시)이다.

CHECK 매표소에서 한글로 된 공연 시간표를 챙길 것. 공연을 관람하는 자리에 따라서 만족도가 크게 달라진다. 공연 시작 전에 미리 가서 자리를 잡는 것이 좋다. 민속촌 내부에 점심에는 세트메뉴를 저녁에는 뷔페를 제공하는 식당이 있지만, 한국인에게 평가가 낮다. 오래 머물 경우 간단하게 먹을거리를 준비한다.

1 민속촌 입구 **2** 전통 결혼식(대부호의 저택, 11:00~11:30, 15:20~15:50) **3** 공작새 춤(꼴라 마을, 16:10~16:40) **4** 공연자들과 사진을 찍을 수 있다.

[지도] p.78ⓕ [위치] 럭키몰에서 툭툭으로 15분 [주소] National Road #6 [오픈] 09:00~21:00 [요금] $15(숙소나 여행사 바우처 구입 시 $12) [전화] +855 63 963 098 [홈피] www.cambodianculturalvillage.com

Tip

편리한 전기 카트 서비스

부모님을 모시고 왔거나, 더운 낮에 방문해서 걸어 다니기 힘들 경우에는 민속촌의 전기 카트 서비스를 이용할 수 있다. 7시트 카트 기준 1시간 $12. 더 좌석이 많은 카트도 있다.

편리한 전기 카트 서비스

Zoom in

캄보디아 민속촌의 볼거리

밀납 인형 박물관

앙코르와트를 만든 수리야바르만 2세를 비롯해서 캄보디아 역사에서 중요한 인물들의 모습과 역사적 장면들을 밀납 인형과 그림으로 재현해 놓았다. 민속촌에서 유일하게 에어컨이 나오는 곳으로 다른 곳을 보다가 쉬러 들어가면 좋다.

부족 전통 마을

콜라 부족, 크롱 부족, 푸농 부족, 크메르 부족, 화교 등 캄보디아에 사는 부족들의 마을과 전통 가옥을 재현해 놓았다. 결혼식이나 신랑 고르기, 풍년제 등 전통 공연이 각 마을에서 열린다.

중앙 호수

민속촌 중앙에 만든 인공 호수다. 호수 위에서 경치를 구경할 수 있도록 발코니와 다리를 세워두었다. 호숫가에는 수상 가옥들이 들어서 있다.

건축 미니어처

왕궁을 비롯한 캄보디아의 중요한 건축물들을 미니어처로 만든 공원이다. 대부분의 건물이 사람 골반 아래 크기 정도다.

📷 펍 스트리트 Pub Street

씨엠립 시내에서 가장 인기 있는 볼 거리가 어디일까? 박물관이나 민속촌보다 훨씬 사람이 많이 찾는 곳이 바로 펍 스트리트다. 이름은 펍 스트리트지만 단순하게 술을 마시러 오는 곳이 아니다. 약 200m도 되지 않는 거리에 술집을 비롯한 식당, 카페, 마사지 가게들이 다닥다닥 붙어 있다. 알록달록한 네온사인이 여행자들을 유혹하고, 가게에서 제각각 흘러나오는 음악 소리가 온몸을 흔들게 한다. 이에 반응하듯 여행자들은 한껏 들떠 있다. 이 모든 것들이 펍 스트리트의 독특한 풍경을 만든다.

펍 스트리트는 여행자들이 앙코르 유적을 만나러 가는 낮에는 매우 한산하다. 지난밤의 흥청망청한 분위기를 상상하기 힘들 정도. 그러다

거리에 다양한 노점들이 들어선다.

낮에는 매우 한산하다.

하늘이 조금씩 어슴푸레 해지고, 간판에 불이 하나씩 들어오면서 활기를 띠기 시작한다. 단체 관광객들이 마치 물고기 떼처럼 여행자들을 헤치고 지나가는 모습도 볼 수 있다. 골목 안쪽 노점상들이 파는 기념품이나 저렴한 옷들도 구경하거나, 거리를 바라보는 테이블에 앉아 가볍게 맥주 한잔, 혹은 칵테일 한잔을 주문해놓고 지나가는 사람들을 구경하면서 하루를 마무리해보자.

CHECK 해피아워(오후 5시부터 마감시간은 가게마다 상이)를 이용하면 맥주 한 잔을 1달러에 마실 수 있다.

펍 스트리트의 툭툭

펍 스트리트로 갈 때는 툭툭 기사에게 '펍 스트리트'라고 하면 모두 알아듣는다. 저녁에는 거리 입구에 툭툭들이 모여 있다. 이들은 올 때 가격으로 가는 것은 거의 불가능하다. 적당한 가격을 제시하면서 흥정하던지 조금 떨어진 곳에 가서 툭툭을 잡는 것이 좋다.

펍 스트리트 입구에는 툭툭들이 항상 대기하고 있다.

지도 p.83ⓖ 위치 올드마켓에서 도보 3분 주소 Street #08 오픈 가게에 따라 다르다.

펍 스트리트 주변 거리 풍경

톤레 삽 호수 투어

톤레 삽 호수가 없었다면 씨엠립은 옛 유적만 보고 가는 심심한 도시였을 것이다. 동양 최대의 호수로 불리는 톤레 삽 호수의 크기를 짐작하기는 쉽지 않다. 메콩강의 빗물이 거꾸로 유입해서 수위가 상승하는 **우기 때는 면적이 12,000㎢ 정도 되는데 이는 경상남북도를 합한 크기**에 달한다. 반면 물이 빠져나가는 건기에는 약 3,000㎢로 줄어들지만, 이때도 길이는 150km, 너비는 30km 정도나 된다. 특히, 우기와 건기 때의 깊이 차이가 큰데, 건기에 수심 1m 정도이던 호수는 우기가 되면 8~9m 정도로 매우 깊어진다.

톤레 삽 호수 주변으로 마을을 형성하고 살아가는 사람들이 있다. 높은 축대를 쌓은 후 그 위에 집을 짓고 살거나, 일부는 물 위에 떠 있는 형태의 집에서 산다. 이들 대부분 캄보디아의 중요한 식량 자원인 호수의 물고기를 잡으며 살아간다. 호숫물은 거의 황토색을 유지하고 있어서, 호수 위를 지나가다 보면 흙빛 바다 위를 떠다니는 기분이 든다. 여행자들은 보통 투어를 신청해서 배를 타고 호수로 나가 수상 가옥을 구경하고, 톤레 삽 호수 위로 지는 노을을 감상한다. 아름다움과 혹독함을 동시에 가진 자연에 적응해 가는 톤레 삽 호수의 사람들 모습은 평생을 땅 위에서 살아온 이들에게 잊을 수 없는 인상을 남긴다.

CHECK 톤레 삽 주변 마을 중에서 투어로 방문하는 마을은 **총 크니아스 Chong Kneas, 캄퐁 플룩 Kampong Phluk, 프놈 크롬 Phnom Krom, 메츠레이 Mechrey, 킴퐁 클레앙 Kampong Khleang** 정도다. 건기와 우기에 따라서 갈 수 있는 곳이 달라지는데, 특히, 캄퐁 플룩은 우기에는 들어갈 수 없다. 총 크니아스는 건기와 우기 상관없이 방문할 수 있으며 씨엠립에서 거리도 가까워서 인기가 많다.

[지도] p.78③ [위치] 씨엠립 시내에서 차량으로 30분 [요금] 반일 투어 $30~40(왕복차량, 호수 입장료, 배 임대료 포함)

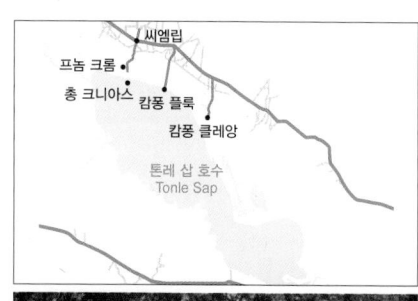

톤레 삽 호수 투어 일정 총 크니아스 마을 / 일몰 투어

① **15:30** 톤레 삽 호수로 출발

② **16:00** 선착장 도착. 배 출발

③ 수상 마을 구경

④ 쪽배용 바지선 도착. 쪽배 투어 시작

⑤ 전망대형 바지선 노착. 노을 구경

⑥ 선착장으로 귀환. 씨엠립 복귀

여행사나 하이 투어 업체를 이용하지 않고, 개별적으로 톤레 삽을 방문할 경우 수상 마을 왕복 교통비에 선착장에서 바지선까지 가는 배 대여 비용, 다시 쪽배를 타는 비용 그리고 보트 기사와 가이드 팁까지 모두 개별적으로 흥정해야 한다. 이때 투어 비용보다 싸게 하기는 매우 어렵고, 그 과정에서 감정도 상하기 쉽다. 톤레 삽 방문만큼은 정식 투어 업체의 상품을 이용하는 것을 추천한다.

※시간과 일정은 투어에 따라 달라질 수 있음

101

🍴 찬레이 트리 Chanrey Tree

크메르

격조 있는 분위기 속에서 캄보디아의 요리를 맛볼 수 있는 식당이다. 씨엠립의 식당 중에서는 요리 가격이 비싼 편에 속하지만, 최고급 인테리어와 정성스럽게 세팅된 요리를 보면 합리적으로 느껴진다. 다른 동남아시아 국가들의 식당들과 비교해 봐도 맛과 가격 면에서 만족스러운 곳. 친절한 직원의 서빙을 받으면서 제대로 된 크메르 요리를 맛보고 싶은 사람에게 추천한다.

제일 먼저 권하는 메뉴는 **씨푸드 그린 커리**, 오징어와 새우가 들어가 있으며, 파인애플과 고구마가 단맛을 보충한다. 고기 요리를 원한다면 **가지를 곁들인 포크립**을 추천. 돼지고기 립 크기는 작게 잘라 쌓아 놓아서 하나씩 손으로 잡고 먹을 수 있게 해놓았고, 스위트 어니언과 페퍼 소스로 양념한 가지가 포크립과 잘 어울린다. 진짜 캄보디아 요리에 도전하고 싶은 사람에게는 피시 아목이 제격이다. 고릿한 냄새의 첫인상이 강렬한데, 일단 입에 넣으면 풍부한 감칠맛에 감탄하게 된다. 메뉴들은 밥을 시켜서 함께 먹으면 좋다. 태국에서 많이 먹던 파인애플 프라이드 라이스도 입안에 들어가는 순간 산뜻하게 달콤해서 기분이 좋아진다.

[지도] p.83ⓓ [위치] 올드마켓에서 도보 5분 [주소] Mondul 1 Village, Pokambor Road [오픈] 11:00~14:30, 18:00~22:30 [요금] 전채 $6.70~7.8, 메인요리 $6.70~13.70, 디저트 $4.70(세금 10%, 서비스차지 10% 추가) [전화] 855 17 799 587 [홈피] chanreytree.com

1

CHECK 크메르식 레스토랑인 찬레이 트리와 프렌치 레스토랑인 소칵 리버를 함께 운영한다. 어느 쪽에 가도 다른 식당의 메뉴를 주문할 수 있는 점이 재미있다. 고급 식당인 만큼 세금과 서비스 차지가 총 20% 추가로 부과된다.

1 씨푸드 그린 커리 Seafood Green Curry
2 피시 아목 Fish Amok
3 파인애플 프라이드 라이스
4 포크립과 가지 Eggplant with Pork Ribs

🍴 제네비에브 Genevieve's

맛있는 크메르 요리를 맛볼 수 있는 식당으로, 언제나 여행자들로 가득 찬 모습을 볼 수 있는 곳이다. 구시가의 중심에 있던 매장을 옮겨서 지금은 위치가 조금 멀어졌지만, 여전히 많은 사람이 찾는다. 인기의 비결은 외국 여행자의 입맛에 맞춘 크메르 요리들. 생강, 후추, 커리 등을 적절하게 사용하고, 전반적으로 달달한 맛을 잘 살려서 동남아시아 향신료를 좋아하지 않는 사람도 맛있게 먹을 수 있다. 깨끗한 주방과 안정적인 서빙도 장점. 비슷한 요리를 더 저렴하게 파는 식당들도 시내에 있지만 좀 더 지불하더라도 맛있는 크메르 요리를 맛보고 싶은 사람에게 권하는 곳이다.

여럿이 함께 왔다면 상대적으로 가격이 저렴한 전채 요리들을 놓치지 말 것. 가장 추천하는 것은 **오징어 후추 볶음**으로, 굴 소스와 캄보디아 후추로 간을 해서 자극적이지 않게 매콤하다. 치킨 케이크와 새우튀김도 양은 적지만 소스의 맛과 식감

에서 만족스럽다. 메인 요리로 가장 인기 있는 것은 **크메르 스타일의 치킨 커리**. 고구마와 당근의 자연스러운 단맛과 코코넛 밀크의 부드러움, 커리의 향이 조화롭다. 포슬포슬한 돼지고기 완자에 생강으로 시원한 맛을 살린 포크 미트볼 수프도 맛있다. 생과일 큐브 위에 아이스크림을 얹은 디저트로 마무리를 하면 완벽하다.

CHECK 여행자들에게 인기가 많은 곳으로, 저녁 시간에는 예약을 하는 것이 좋다.

지도 p.80ⓙ 위치 올드마켓에서 도보 10분 주소 Bamboo Road 오픈 월~토 12:00~21:30 휴무 일요일 요금 전채 $3.5~4, 메인요리 $5~20, 디저트 $3.5~4.5 전화 +855 60 410 783

크메르 스타일의 치킨 커리

포크 미트볼 수프

1 오징어 후추 볶음 Fried Squid with Oyster sauce and Kampot pepper
2 타이식 치킨 케이크 Thai Chicken Cakes
3 아이스크림을 얹은 프루츠 샐러드

🍴 릴리팝 Lilypop

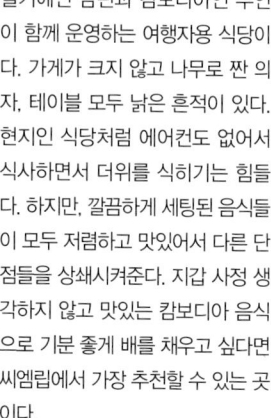

1

2

3

[지도] p.80ⓔ [위치] 럭키몰에서 도보 4분 [주소] 020 Taphul Road [오픈] 수~월 11:00~22:00 [휴무] 화요일 [요금] 망고 샐러드 $1.75~2.50, 스프링롤 $1.50~1.75, 프라이드 라이스 $1.50~2.50, 치킨 아목 $3 [전화] +855 86 879 255 [홈피] www.lilypop-restaurant.com

치킨 아목 Chicken Amok

벨기에인 남편과 캄보디아인 부인이 함께 운영하는 여행자용 식당이다. 가게가 크지 않고 나무로 짠 의자, 테이블 모두 낡은 흔적이 있다. 현지인 식당처럼 에어컨도 없어서 식사하면서 더위를 식히기는 힘들다. 하지만, 깔끔하게 세팅된 음식들이 모두 저렴하고 맛있어서 다른 단점들을 상쇄시켜준다. 지갑 사정 생각하지 않고 맛있는 캄보디아 음식으로 기분 좋게 배를 채우고 싶다면 씨엠립에서 가장 추천할 수 있는 곳이다.

피시 소스로 맛을 낸 망고 샐러드는 누구나 무난하게 먹을 수 있으며 마른 새우나 치킨을 더 넣을 수 있다. 전채로 먹기 좋은 스프링롤 역시 채소만 들어간 기본 스타일에 게맛살, 닭고기, 돼지고기 등 내용물을 선택할 수 있는데, 직접 만든 새콤달콤한 소스가 맛을 살려 준다. 저렴하게 맛있는 캄보디아 음식을 먹어보고 싶다면 **치킨 아목**을 추천. 닭고기도 충분히 넣고 코코넛 크림을 적당하게 써서 부드러우면서도 고소한 맛이 좋다. 매운 볶음밥인 **똠얌 프라이드 라이스**는 재료와 매운맛을 선택할 수 있는데, 똠얌 향기 덕분에 감칠맛이 살아있다.

CHECK 가장 붐비는 시간은 저녁 7시에서 9시 사이. 테이블이 많지 않으므로 저녁을 먹으려면 조금 일찍 가는 것이 좋다.

1 망고 샐러드
2 게맛살 스프링롤
3 똠얌 프라이드 라이스

¶¶ 톤레 삽 레스토랑 Tonle Sap Restaurant

쌀국수

톤레 삽 레스토랑은 대규모 뷔페 레스토랑으로 저녁에는 압사라 공연도 볼 수 있는 곳이다. 음식과 공연에 대한 평가는 호불호가 많이 갈리기 때문에 추천하지 않지만, 이곳에서 아침부터 파는 **캄보디아식 쌀국수, 꾸이띠우**는 시원하고 구수한 국물로 해장하기에는 딱 좋다. 아침에는 입구 앞 지붕이 있는 야외 테이블에서 아침식사 메뉴를 판매한다. 손님도 외국인 여행자보다는 현지인이 많다.

국물은 달콤하고 기름지면서 자극적이지 않으며, 국수는 얇아서 술술 넘어간다. 특히 **소고기 외에 닭고기, 돼지고기, 해산물 등 고명을 다양하게 선택할 수 있다.** 쌀국수와 함께 라임과 숙주를 따로 내주며, 테이블에 놓인 칠리, 간장 소스, 고추와 마늘, 피클을 곁들여서 먹는다. 쌀국수 말고 다른 메뉴도 먹을 수 있는데, 간이 노점처럼 생긴 코너에서 치킨라이스와 딤섬을 판다. 여럿이 함께 와서 쌀국수만 먹기 심심하면 밥과 딤섬을 함께 주문하자.

CHECK 테이블에 앉으면 주전자에 담은 차와 중국식 튀김빵을 기본으로 내온다. 가격을 따로 받으므로 먹지 않으면 미리 말할 것.

[지도] p.80Ⓐ [위치] 럭키몰에서 도보 10분 [주소] #117, National Road 6 [오픈] 06:00~10:00 [요금] 쌀국수 9,000리엘, 라이스 10,000~12,000리엘, 딤섬 3,000~5,000리엘, 중국식 튀김빵 1,000리엘 [전화] +855 17 599 615 [홈피] www.cambodiarestaurants.com/tonlesap

딤섬

소고기 쌀국수 Noodle Soup with Beef

중국식 튀김빵

🍴 일 포르노 Il Forno

이탈리안

맛있는 화덕 피자와 파스타로 유명한 이탈리아 식당이다. 펍 스트리트에서 이어지는 좁은 골목 안쪽에 있는데, 에어컨도 없이 선풍기만 있어서 가게 안은 마치 화덕의 열기가 전해지는 것처럼 덥다. 하지만, 워낙 음식이 맛있어서 사람들은 더위와 상관없이 들어찬다.

가정식 이탈리아 요리도 있지만 가장 인기 있는 메뉴는 역시 피자와 파스타. 그중에 하나만 고른다면 화덕에서 구운 피자이다. 쫄깃하고 기름진 피자 도우는 마치 호떡 껍질을 먹는 기분이 든다. 특히, 매운맛을 선택할 수 있는 살라미 피자는 맥주 안주로 그만이다. 까르보나라는 소스가 많지 않은 스타일로 면을 돌돌 말아서 언덕처럼 쌓아서 나온다. 베이컨이 충분히 들어가서 고소하다. 2인이 온다면 파스타 하나, 피자 한 판을 시키면 양은 넉넉하다.

지도 p.83ⓖ 위치 올드마켓에서 도보 3분 주소 Pari's Alley, 16 The Lane 오픈 12:00~15:30, 17:30~23:00 요금 피자 $2.75~12.5, 파스타 $5~10 전화 +855 63 763 380 홈피 ilforno.restaurant/siem-reap

살라미 피자

까르보나라

🍴 라넥스 L'Annexe

연인과 함께 근사한 저녁 식사를 하고 싶었다면 꼭 한 번 가볼 만한 식당이다. 오렌지 리큐어 피콩 Picon을 넣은 맥주나 피자를 닮은 타르트 플랑베 tarte flambée처럼 프랑스 지방의 전통 요리들을 맛볼 수 있다. 요리의 데코와 플레이팅이 아름다우며, 간이 짭짤하고 맛이 농후한 요리들은 더운 날씨에 먹어도 무겁지 않고 입맛을 살려준다.

가장 인기 있는 메뉴는 합리적인 가격의 스테이크. 미국산 쇠고기를 사용하며 톡 쏘는 캄보디아 후추로 소스의 향을 더했다. 사이드로 파스타와 그라탕, 프렌치프라이, 로스트 포테이토를 선택할 수 있다. 코르동 블뤼 Cordon bleu는 스테이크의 반 가격이지만 만족도는 스테이크에 못지않다. 잘랐을 때 치즈도 살아있고 고기도 부드럽다. 뿌려먹는 크림소스와 잘 어울리며 사이드로 나온 삶은 채소들도 맛과 향이 살아있다. **요리보다 더 유명한 시그니처 메뉴는 눈과 입을 사로잡는 디저트**다. 블랙 펄은 초콜릿으로 된 껍질 속에 아이스크림을 넣고, 위에는 딸기 셔벗을 올리고 쵸콜릿 소스를 얹어 먹는다. 플로팅 아일랜드는 망고, 파인애플을 비롯한 과일 큐빅 위에 아이스크림을 올리고, 허브와 바닐라, 베리의 향기가 어우러진 소스와 함께 먹는 디저트로 맨 위에 올린 설탕 공예장식이 눈길을 끈다.

CHECK 작은 녹색 정원에 불을 밝힌 저녁에 특히 분위기가 좋다.

1 스테이크 **2** 코르동 블뤼 **3** 플로팅 아일랜드 **4** 블랙 펄

지도 p.82Ⓔ 위치 올드마켓에서 도보 10분 주소 Sok San Rd 오픈 월 16:00~22:00, 화~일 12:00~22:00 요금 스테이크 $18, 코르동 블루 $9, 디저트 $6 전화 +855 95 839 745 홈피 annexesiemreap.com

🍴 커리 왈라 Curry Walla

씨엠립처럼 날씨가 덥고 땀을 많이 흘리는 곳에서는 매콤한 향신료가 입맛을 살려주는 인도 음식이 잘 어울린다. 커리 왈라는 럭키몰에서 가까운 인도 음식점이다. 겉에서 보면 현지 식당과 다를 바 없지만, 몇 개의 인도 그림과 사진이 있어 조금은 인도 분위기가 난다. 무엇보다도 에어컨을 세게 틀어서 식당 안이 시원한 것이 장점이다.

가볍게 먹으려면 식판에 각종 소스, 요리, 밥이 함께 나오는 세트 메뉴 스타일의 치킨 탈리가 적당하다. 난과 빵에 치킨 마살라를 기본으로 달, 요구르트, 커리 소스가 곁들여져 나온다. 탄두리 요리 중에서는 치킨 티카 마살라를 추천. 마살라 양념을 발라서 구운 뼈 없는 바비큐 치킨이다. 테이블 위에도 4가지 소스가 준비되어 있는데, 모두 맛이 매운 편이다. 망고 라씨는 물을 적게 넣고 진하게 만들었으며, 마살라 차이는 달지 않아서 기호에 따라서 설탕을 넣어 먹는다.

CHECK 바로 옆에 있는 크메르 푸드 식당과 같이 운영하기 때문에, 크메르 요리와 태국 요리도 같이 주문해서 먹을 수 있다.

지도 p.80ⓕ 위치 럭키몰에서 도보 3분
주소 Sivatha Road 오픈 10:30~22:30
요금 탈리 $5~9.75, 채식 요리 $3.75~8/75, 고기 요리 $4.75~12.75, 탄두리 요리 $5.75~12.75 전화 +855 63 965 451

치킨 탈리 Chicken Thalis

치킨 티카 마살라

망고 라씨

마살라 차이

109

🍴 대박 DaeBak

한식

대박 식당은 '무한 리필 삼겹살'로 인기를 이어가고 있는 한식당이다. 씨엠립에서 맛집으로 검색하면 가장 많이 등장하며, 특히, 한식당으로 검색하면 이곳밖에 없다고 느껴질 정도. 삼겹살, 돼지갈비, 생선구이 등 모든 고기 메뉴들은 숯불에 직접 구워서 접시로 가져다주는데, 배부를 때까지 마음껏 추가로 주문해서 먹을 수 있다. 기본 찬이 8가지 이상 깔리고, 반찬과 찌개도 포함이다. 여러 명이 함께 갈 때도 메뉴를 통일할 필요 없이 각자 먹을 수도 있다. 밥과 반찬은 리필 가능. 외국의 한식당에서 느낄 수 있는 약간의 부족함조차 없을 정도로 모든 반찬이 맛있다. 한국인 말고도 캄보디아 현지인들도 많이 찾는다.

CHECK 씨엠립에 3개의 지점이 있다. 3곳 모두 주인이 다르기 때문에 서비스와 음식 구성은 다를 수 있다.

지도 p.80Ⓐ 위치 럭키몰에서 도보 5분 주소 Taphul Road 오픈 09:00~22:00 요금 무한리필 삼겹살 $6, 돼지갈비 $7, 생선구이 $8, LA 갈비세트 $12 전화 +855 92 355 811

돼지갈비

🍴 따풀 키친 Ta Pul Kitchen

한식

씨엠립의 식당 중에서 이곳에 가야 하는 이유를 하나만 꼽자면 바로 우거지 된장국이다. 대부분의 메뉴를 시키면 우거지 된장국을 함께 주는데, 짜지 않으면서 구수한 감칠맛이 살아있어서 다른 모든 반찬을 맛있게 만들어준다. 우거지 국밥만 따로 먹을 수도 있다. 이곳의 추천 메뉴는 고추장 삼겹살로, 양파와 김치를 넉넉히 넣고 고추장으로 달콤하게 볶은 삼겹살을 보면 소주 한 잔이 절로 생각난다. 단, 다른 한식당처럼 무한 리필은 안 되고 반찬 가짓수가 적은 편이다.

지도 p.80Ⓔ 위치 럭키몰에서 도보 7분 주소 Taphul Road 오픈 08:00~20:00 요금 고추장 삼겹살 $5, 우거지 국밥 $3 전화 +855 92 602 870

음식과 함께 나오는
우거지 된장국이 시그니처 메뉴

🍴 시스터 스레이 카페 Sister Srey Cafe

에어컨이 없는 반 오픈형 실내에 항상 바글바글한 손님들. 덕분에 이 카페 앞을 지나갈 때면 항상 안쪽을 쳐다보게 된다. 대부분 가벼운 복장의 외국인들로 시끌벅적한 활기가 느껴진다. 테이블이 비면 곧바로 새로운 손님들이 찾아온다.

이곳 메뉴는 하루 종일 주문할 수 있는 아침 메뉴와 점심 메뉴로 나뉜다. 신선한 재료로 만든 자연주의 스타일의 음식들이지만, 맛을 포기하지 않았다.

배가 많이 고프다면 버거를, 살짝 고프다면 프렌치토스트를 추천한다. 토스트는 겉보기에는 평범해 보이지만 치즈와 베이컨 스프레드, 토마토소스를 더해 맛이 풍요롭다. 스무디 계열에는 당을 추가하지 않기 때문에 달게 먹고 싶다면 시럽을 넣어달라고 할 것. 이곳에서 무얼 먹든 마지막에는 케이크를 먹어야 한다. 특히, 패션프루트 치즈 케이크는 열대의 느낌이 물씬 나는 이곳의 베스트 케이크다. 플랫 화이트를 비롯

해 커피도 무난한데 자주 먹으러 가면 맛의 편차가 좀 느껴진다. 저녁 6시면 일찍 문을 닫는 것이 아쉬워지는 곳이다.

지도 p.83ⓖ 위치 올드마켓에서 도보 1분 주소 200 Pokambor Road 오픈 07:00~18:00 요금 아침 메뉴 $2~5, 점심 메뉴 $2.5~6, 음료 $1.5~3, 디저트 $1~3 전화 +855 97 723 8001 홈피 www.sistersreycafe.com

1 프렌치토스트 Stuffed French Toast
2 패션프루트 치즈 케이크
3 시스터 스레이 비프 버거

🍴 템플 커피 앤 베이커리 Temple Coffee n Bakery

1 야외 공간도 넓다.

올드마켓이 있는 구시가 쪽에서 동쪽으로 난 강변 다리를 건너면 씨엠립에서 보기 드물게 규모가 큰 3층 건물이 보인다. 층별 구조가 명확하게 드러나는 모던한 느낌의 건축물 안에 카페, 베이커리, 스카이라운지가 결합한 복합 공간을 만들었다. 안으로 들어가면 앙코르의 정글을 떠돌다가 곧바로 현대적인 도시 공간으로 떨어지는 기분이 든다. 2층까지 시원하게 천장이 뚫린 넓은 공간에 편안한 소파와 테이블이 있다. 3층은 스카이라운지로 사용되며 크지 않은 수영장이 있다. 구석구석 분위기가 바뀌기 때문에 자신이 선호하는 스타일의 공간을 찾아서 시간을 보내면 된다. 씨엠립의 다른 식당과 카페들은 대부분 외국 여행자들이 주요 고객이지만, 이곳은 캄보디아 손님들도 많은 것이 특징이다. 마치 모든 취향의 손님을 만족시키려는 듯 아메리칸 스타일 아침식사에서 쌀국수, 스테이크, 캥거루 고기, 스파게티 등 많은 종류의 메뉴를 먹을 수 있다. 하지만, 식사보다는 이름 그대로 카페나 베이커리 메뉴를 먹는 것을 추천한다. 음료 중에서는 커피 액을 아이스큐브 모양으로 얼린 템플 커피 큐브나 행사를 자주 하는 다양한 프라페가 인기 메뉴다. 만약 배가 고프다면 두꺼운 메뉴판의 사진을 보면서 골라야 하는데, 스파게티 종류가 가격대비 무난하다.

2 템플 커피 큐브 3 프라페 4 가성비가 좋은 스파게티

지도 p.83ⓗ 위치 올드마켓에서 도보 5분 주소 Street 25 오픈 07:00~02:00 요금 아침메뉴 $3.00~5.50, 점심&저녁메뉴 $4~22, 디저트 $2.5~4, 커피 $2.00~3.75 전화 +855 89 999 909

🍴 피프티5 Fifty5 Kitchen-Bar

올드마켓 근처 거리의 코너에 널찍하게 자리 잡은 식당이다. 테이블 위에 꽃과 컵이 예쁘게 놓여 있고 채광이 좋아서 음식 사진과 셀카를 찍기에 좋은 환경이다. 에어컨이 없는 대신 천장의 선풍기가 시원하게 돌아간다. 음식 가격이 비싸지만, 그만큼의 맛과 비주얼을 보장한다. 특히, 주변 식당보다 빵의 퀄리티가 좋다. 식전 빵은 살짝 구워 버터와 함께 나오고 버거는 치아바타 빵의 쓴다. 전채 요리 중에서 저렴한 편인 캘리포니아롤은 새우와 버섯 소스를 넣고 겉에 바삭한 프레이크를 묻혔다. 메인 요리 중에서는 베이컨으로 감싼 포크 필레와 숯에 구운 비프 버거가 10달러 미만으로 가성비가 좋다. 단, 주스나 스무디와 같은 음료들은 가격대비 만족도가 떨어지므로 차라리 캔 음료를 추천한다.

지도 p.83ⓖ 위치 올드마켓에서 도보 2분 주소 Street 2 & Street 9 오픈 07:30-23:00 요금 전채 $5.5~7.75, 메인요리 $9.5~17, 디저트 $5.5~5.75 전화 +855 17 707 427

1 포크 필레
2 비프 버거
3 캘리포니아롤

☕ 리틀 레드 폭스 the Little Red Fox

럭키몰와 올드마켓의 딱 중간쯤에 위치한 이 카페는 오직 커피와 수다가 좋은 사람들을 위한 공간이다. 숏 블랙이나 플랫 화이트처럼 에스프레소를 이용한 오스트레일리아식 커피를 내놓는다. 진하고 깊은 커피 맛 하나만 보자면 씨엠립에서 손꼽을 수 있는 곳이다. 다른 카페에서 커피 맛을 제대로 보려면 꼭 따뜻한 것을 마셔야 하지만 이곳은 아이스커피도 따뜻한 커피 못지않게 맛있다. 그래서 씨엠립에서 커피 맛을 따지는 여행자들이 모여든다.

카페 크기는 아담하다. 1층 카운터 앞 중앙의 큰 테이블에는 여행자들이 다닥다닥 붙어 앉아 있는데, 처음 만난 사이라도 대화가 통할 것 같은 활기가 느껴진다. 2층에는 거리가 내려다보이는 자리가 있으며, 좀 더 분위기가 평화롭다.

추천 메뉴는 에스프레소와 우유가 서로 진하게 어울리는 아이스 라테. 간단하게 요기할 수 있는 베이글과 토스트, 오믈렛 같은 메뉴도 괜찮다. 무슬리는 가장 저렴한 메뉴지만 치아씨와 말린 과일, 코코넛 크림을 넣고 위에 달콤한 요구르트를 올려서 만족스럽다.

지도 p.83ⓒ 위치 올드마켓에서 도보 9분 주소 #593 Huabang Street 오픈 목~화 07:00~17:00 휴무 수요일 요금 커피 $2.75~3.75, 식사류 $2.5~5.25 전화 +855 16 669 724 홈피 www.thelittleredfoxespresso.com

아이스 라테

무슬리

더 하이브 카페 The Hive Cafe

자연주의 스타일의 메뉴를 제공하는 이 카페는 언제 가도 서양 여행객들로 가득하다. 공간은 크지 않은데, 입구 앞에 야외 테이블이 있으며, 실내에는 2층까지 테이블을 만들어 놓았다. 실내는 에어컨이 있어서 시원하다. 이곳의 핵심 메뉴는 과일 주스다. 망고, 파파야, 리치, 패션프루트 등 열대 과일들을 충분히 넣어서 설탕을 넣지 않았는데도 맛이 있다. 진한 셰이크도 추천할 만하며 커피 또한 은은하면서도 맛있게 내린다.

식사 메뉴 중에서는 하루 종일 먹을 수 있는 아침식사 메뉴가 인기 있는데, 신선한 빵과 채소, 달걀, 과일들이 어우러진 서양식 조식 스타일로 나온다. 치킨 망고 샐러드는 고소하고 짭짤한 치킨과 새콤한 망고의 맛이 잘 어울리며, 캐슈넛, 드라이드 토마토, 페타 치즈를 얹어서 훌륭한 한 끼가 된다. 크메르식 야채 볶음밥은 가장 저렴한 메뉴로 치킨을 추가해서 먹을 수 있다. 분위기, 재료, 맛 모두 만족스러운 곳이지만, 10% 세금을 별도로 부과하는 것이 조금 아쉽다.

지도 p.83ⓓ 위치 올드마켓에서 도보 7분 주소 #631 Central Market St 오픈 수~월 07:30~18:00 휴무 화요일 요금 주스&셰이크 $2.75, 아침식사 $2.50~4.50, 점심식사 $2.50~5.50(세금 10% 별도) 전화 +855 76 555 5437

1 치킨 망고 샐러드 2 과일 주스 프루티 레드 Fruity Red와 셰이크 비스 니스 Bees Knees

115

젤라토 랩 Gelato Lab

디저트 카페

씨엠립 시내 올드마켓 뒷골목에 있는 젤라토 전문점으로, 후덥지근한 날씨를 잊게 해주는 끝내주는 젤라토가 있다. 삼삼오오 앉아서 젤라토를 먹고 있는 손님들의 만족스러운 표정에서 이곳 젤라토의 맛을 알 수 있다. 매장 분위기는 심플하고 편안해서 잠시 쉬어가기에 좋다. 너무 덥다면 2층에 에어컨이 있는 공간을 이용한다.

젤라토는 전부 이곳에서 직접 만든 것으로 유기농 우유와 사탕수수 설탕을 이용해 맛이 부드럽고 진하다. 처음 방문한 사람은 부드럽고 달콤한 티라미수로 시작해볼 것. 독특한 맛을 먹고 싶다면 캄보디아 후추가 들어간 초콜릿에 도전해보자. 진한 다크 초콜릿의 맛을 음미하고 나면 마지막에 후추 향이 확 올라온다. 상큼한 맛을 원하면 과일 향이 그대로 느껴지는 셔벗 종류가 좋다.

CHECK 위생과 보관상의 이유로 젤라토 통의 뚜껑을 덮어놓아서 눈으로 보고 고를 수가 없다. 모든 젤라토 이름이 이탈리아어로 되어 있으므로 영어로 된 설명을 보고 골라야 한다.

지도 p.82ⓕ 위치 올드마켓에서 도보 3분 주소 Alley West 오픈 09:00~23:30 요금 젤라토 1스쿱 $1.50~3.15 전화 +855 88 707 4459

1 후추 맛이 나는 초콜릿 Ciocolato al pepe di Kampot 2 매장 입구와 간판 3 2층에 에어컨이 있는 자리가 있다.

1

[지도] p.80ⓑ [위치] 앙코르 국립 박물관에서 도보 10분 [주소] P, Charles De Gaulle [오픈] 09:30~19:00 [요금] 망고 빙수 소 $3,3, 커피 젤리 $1,1, 아이스크림 1스쿱 $1,1, 스무디&과일주스 $2,20~2,75 [전화] +855 63 964 770

1 망고 빙수(소) **2** 커피 젤리 **3** 캄보디아 쿠키를 직접 맛보고 사올 수 있다.

일본인 여사장이 운영하는 카페로 망고 빙수가 유명한 디저트 가게다. 크지 않은 카페지만 씨엠립에서 가장 깨끗하고 위생적인 식당 중 하나로, 정수된 물로 만든 얼음을 사용해서 배앓이 걱정 없이 빙수를 즐길 수 있다. 이곳의 시그니처 메뉴인 망고 빙수는 우리나라 스타일의 빙수에 비해 크기는 작지만, 맛과 질감은 만족스럽다. 얼음 위에 큐빅 형태로 자른 생망고와 망고 시럽을 뿌리고, 그 위에 홈메이드 망고 아이스크림을 올렸다. 특히, 아이스크림이 망고를 그대로 갈아 놓은 것처럼 부드럽다. 또 하나의 추천 메뉴는 쌉쌀한 커피 액을 젤리로 만든 커피 젤리로, 위에 연유를 뿌려서 먹는다. 시원한 과일주스와 스무디도 더위를 가시게 하기에 딱 좋다.

CHECK 1 카페에서는 기념품으로 괜찮은 캄보디아 쿠키도 판매한다. 후추나 연잎 등 재료가 다양하며 직접 맛보고 고를 수 있어서 좋다.

CHECK 2 카페는 씨엠립 시내에서 앙코르와트로 가는 길목에 있는데, 시내에서 한낮에 걸어가기에는 살짝 멀다. 툭툭으로 유적을 오갈 때 잠깐 들르는 것이 좋으며, 특히, 유적 관람을 마치고 돌아올 때 먹고 가는 것을 추천한다.

2

앙코르에서 즐기는 애프터눈 티

앙코르 유적을 보려고 씨엠립에 왔다면, 당신은 더위와 땀, 햇빛, 습기 그리고 소나기에 익숙해져야 한다. 하지만, 그럴수록 여행자에게는 평화롭고 안정을 주는 휴식의 시간이 필요하다. 고대의 앙코르 유적과 호사스러운 애프터눈 티는 서로 어울리지 않는 단어 같지만, 씨엠립에서는 그렇지 않다. 눈과 입이 즐거운 먹을거리와 함께 향기로운 차를 깜짝 놀랄 가격에 즐기다 보면 또다시 유적을 탐험할 기운이 생겨날 것이다.

참파 카페 at 소카 앙코르 리조트
Champa Cafe at Sohka Angkor Resort

참파 카페는 씨엠립 시내 한가운데 위치한 소카 앙코르 리조트의 라운지 카페다. 정문을 지나 직진하면 카페로 들어가는데, 고급스러운 나무 인테리어로 된 실내에서 시원한 에어컨 바람을 쐬며 편안한 의자에 앉아 쉴 수 있다. 에어컨 바람이 싫다면 푸른 정원을 바라볼 수 있는 테라스 자리로 나가도 된다. 이곳의 애프터눈 티 세트는 2인 이상 주문해야 하지만 가격대비 구성은 알찬 편이다. 크루아상 햄 샌드위치, 에그 샌드위치는 고소하고 짠맛 위주로 가벼운 식사 대용이 된다. 색깔이 알록달록한 초콜릿 케이크와 딸기 타르트로 입가심을 하면 금상첨화. 단, 사용하는 빵과 스콘은 괜찮지만, 잼과 크림은 수준이 많이 떨어진다. 커피나 차를 선택할 수 있는데, 커피는 큰 특징이 없으며 차는 주전자가 아닌 컵에 준다. 몇 가지 부족한 면이 있지만, 공간이 주는 여유와 가벼운 영수증이 모든 것을 용서하게 한다.

지도 p.80Ⓑ 위치 럭키몰에서 도보 4분 주소 National Road No 6 & Sivatha Road 오픈 06:30~23:00(하이티는 14:30~17:30) 요금 하이티 2인 $15(세금, 서비스차지 별도) 전화 +855 63 969 999 홈피 www.sokhahotels.com/angkor

1 카페 입구 **2** 정원을 바라보는 테라스 자리

에프씨씨 앙코르 FCC Angkor

FCC 호텔에서 운영하는 레스토랑으로, 정원에서 바라본 2층의 베이지색 건물은 오래되고 고풍스러운 느낌이 가득하다. 원래 프랑스인 총독의 휴가용 별장으로 사용했던 곳인데, 영화에서나 보던 콜로니얼풍 디자인이 매력적이다. 계단을 따라서 2층으로 올라가면 넓은 테라스가 있는 분위기 좋은 레스토랑이 나온다. 실내에는 선풍기밖에 없지만 앞뒤로 창이 뚫려 있어 바람이 시원하게 통한다. 전반적으로 음식이 잘 나오는 편이며, 메뉴 가격은 저렴하다. 특히, 매일 달라지는 오늘의 안주와 술, 칵테일 가격을 가장 먼저 확인하자.

이곳 메뉴의 하이라이트는 오후 2시부터 맛볼 수 있는 애프터눈 티다. 아시아 세트와 웨스턴 세트가 있는데, 2명이 왔다면 각자 따로 주문할 수 있다. 3단 트레이 위에 준비된 아시아 세트에는 산뜻한 느낌의 스프링롤, 소스가 고소한 참치 타타키와 주먹밥, 마지막으로 과자와 판나코타, 리코타 치즈로 만든 푸딩이 올라온다. 웨스턴 세트는 샌드위치, 과일 타르트, 스콘, 크림, 잼 그리고 하단에 과일 꼬치와 요구르트로 구성되어 있다. 1인 세트는 양이 넉넉하지는 않지만, 가벼운 식사를 겸하면서 기분 전환하기에는 충분하다.

1 아시아 세트
2 웨스턴 세트
3 FCC 호텔

지도 p.80 Ⓕ 위치 럭키몰에서 도보 8분 주소 Pokambor Road 요금 애프터눈 티 세트 1인 $5.95 전화 +855 63 760 283 홈피 fcccambodia.com

🍷 미스 웡 Miss Wong

올드마켓의 뒷골목에 있는 미스 웡은 1920년대 빈티지 상하이의 분위기를 물씬 풍기는 칵테일 바다. 20세기 초 하얼빈과 상하이에서 살았던 러시아 작가가 그린 중국여인 초상화의 이름과 이미지를 그대로 바에 접목했다. 나른한 느낌의 홍등 아래 검은색 나무로 된 테이블에 앉아 있다 보면 저절로 시간 여행을 하는 기분이 든다. 씨엠립에서 가장 수준 있는, 동남아시아의 향을 잘 살린 고급스러운 칵테일을 맛볼 수 있다.

처음 와본 사람에게 추천하는 칵테일은 럼 베이스에 크랜베리, 파인애플, 망고 등 열대 과일의 맛과 향을 더해 기분 좋게 마실 수 있는 **미스 웡 펀치**. 생강과 레몬그라스의 향과 맛에 익숙한 사람에게 잘 맞는 보드카 베이스의 마티니도 이곳 분위기를 더욱 살려준다. 이곳은 칵테일 안주로 딤섬을 함께 먹을 수 있는 것이 특징이다. 샤오마이, 완탕 등 씨엠립에 있는 웬만한 식당보다 이곳 딤섬이 더 맛있다. 중국 빵으로 만든 작은 돼지고기 샌드위치인 **바비큐 포크 슬라이더**도 꼭 먹어볼 것.

[지도] p.83ⓖ [위치] 올드마켓에서 도보 4분 [주소] The Lane, Krong Siem Reap, 캄보디아 [오픈] 월~토 18:00~01:00, 일 18:00~24:00 [요금] 칵테일 $4.50~5.00, 안주 $3.50~7.00 [전화] +855 92 428 332 [홈피] www.misswong.net

1 딤섬 안주로 칵테일을 즐긴다. 2 바비큐 포크 슬라이더 3 미스 웡 펀치 4 바의 이름을 딴 중국여인의 그림이 걸려 있다.

🍷 아사나 올드 우든 하우스 Asana Old Wooden House

올드마켓 근처는 식당, 술집, 기념품 가게들로 빼곡한 상업 지역. 그 뒷골목으로 깊숙이 들어가면 작은 정원 안에 오래된 나무집으로 만든 가게가 보인다. 이곳은 올드마켓 지역에서 유일하게 남은 캄보디아 전통 스타일의 집을 이용해 가게를 만들었다. 외관만 보면 서양 여행자들이 찾는 싸구려 술집 같지만, 캄보디아의 전통 재료를 이용해 제대로 만든 칵테일로 유명하다. 또한, 씨엠립에서 칵테일 클래스로 인기 있는 곳이라서 직접 칵테일을 만들어 볼 수도 있다.

처음으로 마셔봐야 할 칵테일은 **진저 모히토**로, 캄보디아를 기억하게 만드는 맛이다. 알코올과 허브 그리고 상큼하게 때리는 진저의 향이 매력적이다. 타마린드 소스 칵테일은 마치 크메르의 전통 요리를 먹는 기분이 든다. 요리에 들어가는 허브를 칵테일에 사용했으며 타마린드의 새콤한 맛과 함께 기분 좋은 청량감을 즐길 수 있다. 기본 안주로 주는 올리브도 맛있다.

정원과 나무집 아래에도 테이블이 됐다.

(지도) p.83ⓖ (위치) 올드마켓에서 도보 4분 (주소) Street 7 (오픈) 18:00~01:00(칵테일 클래스 18:00~20:00) (요금) 칵테일 $3.50~4.50 (전화) +855 92 987 801 (홈피) www.asana-cambodia.com

타마린드 소스 칵테일

진저 모히토

기본 안주로 주는 올리브

캄보디아 전통 나무집에서 술을 마신다.

🧖 보디아 스파 Bodia Spa

씨엠립 구시가에서 가장 깨끗한 시설을 갖춘 곳이다. 보디아는 100% 천연재료를 이용한 화장품과 바디 케어 제품을 만드는 브랜드로, 이곳 스파에서는 모든 과정에서 자신들의 제품을 사용한다. 추천하는 마사지는 보디아 클래식. 보디아 제품군의 오일을 이용한 마사지로 유칼립투스, 생강, 레몬그라스 등 오일을 직접 선택할 수 있다. 오일 마사지가 싫다면 보디아 토닉을 선택할 것. 지압 점을 누르면서 스트레칭하는 전신 마시지로, 등과 다리 쪽을 신경 써서 풀어준다.

가격은 다른 거리의 마사지 숍에 비해서 비싼 편이지만, 마사지 기술은 다른 씨엠립의 마사지 숍과 마찬가지로 배정된 마사지사에 따라 평가가 갈리는 편. 워낙 인기 있는 곳이기 때문에 최소한 하루 전에 들러서 분위기를 살펴보고 예약하는 것을 추천한다.

[지도] p.83ⓖ [위치] 올드마켓에서 도보 3분 [주소] New Street A [오픈] 10:00~24:00 [요금] 1시간 기준 풋 마사지 $24, 보디아 토닉 $30, 보디아 클래식 $32 [홈피] www.bodia-spa.com

100% 천연성분의 제품을 사용한다.

🧖 이솝 스파 Isop Spa

예전에는 씨엠립에서 흔하게 보이는 '푸라 비다'는 이름의 프랜차이즈 마사지 숍 중 하나였다. 지금은 이름만 바뀌었을 뿐, 시설과 가격, 스태프와 분위기 모두 그대로 유지하고 있다. 푸라 비다였던 시절에도 다른 숍들에 비해서 무난한 마사지 실력으로 평가받던 곳이다. 1층에서는 편안한 소파에 앉아 스크린의 영상을 감상하면서 다리와 등 마사지를 받을 수 있다. 최저가 프로모션을 하는 곳들이 못 미더울 때 쉽게 선택할 수 있는 마사지 가게 중 하나다.

CHECK 크메르 마사지는 타이 마사지에서 강한 스트레칭을 빼고 부드럽게 문지르는 방식을 많이 사용한다. 손가락이 근육 깊숙이 파고들지는 않는다.

[지도] p.80ⓔ [위치] 럭키몰에서 도보 5분 [주소] #06 Sivatha Road [오픈] 09:00 ~23:00 [요금] 1시간 기준 풋 마사지 $6.00, 크메르 마사지 $8.00, 타이 마사지 $8.00 [전화] +855 81 357 830

🏛 템플 마사지 Temple Massage

최저가지만 청결과 분위기는 합격

여느 마사지 숍과는 다른 현대적인 느낌의 인테리어와 파격적인 프로모션으로 개장 당시부터 파란을 일으킨 곳이다. 평소 가격은 다른 저가 마사지 숍과 비슷한 수준이지만, 특별할인 가격으로 서비스할 때 방문하면 매우 보람차다. 마사지사들이 복장을 잘 갖추고 있으며, 다른 저가 숍에 비해서 인테리어도 깔끔하고 에어컨도 시원하게 틀어준다. 눕는 소파도 푹신하기 때문에 마사지 실력은 기대하지 말고 1시간 동안 쉬어간다는 생각으로 가면 좋다.

지도 p.83ⓖ 위치 올드마켓에서 도보 3분 주소 2 Thnou St 오픈 09:00~02:00 요금 1시간 기준 풋 마사지 $6.00

Talk 💬 씨엠립의 마사지 수준

씨엠립에서 가격이 저렴하면서도 실력 좋은 마사지는 기대하지 않는 것이 좋다. 경쟁 숍들이 많기 때문에 기본 가격이 낮은 편인데, 발 마사지의 경우 프로모션으로 가격을 더 내리는 곳도 있다. 이런 곳은 하루 종일 손님이 몰리기 때문에 마사지사들이 피곤한 경우가 많다. 잡담을 하거나 심지어 마사지하면서 조는 모습도 볼 수 있다. 어디를 가든 실력 좋은 마사지사를 만나는 것은 복불복에 가깝기 때문에 숍 시설의 청결도를 보고 선택하고 마사지에 대한 기대감은 낮출 것. 시원한 마사지를 원한다면 남성 마사지사나 덩치 큰 사람을 불러 달라고 한다. 팁은 마사지에 만족했을 경우 1달러 단위로 원하는 만큼 주면 된다.

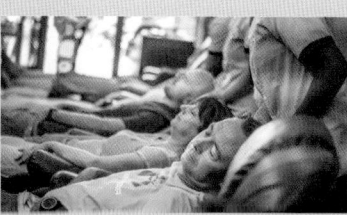

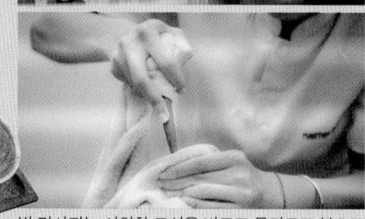
발 마사지는 시원한 로션을 바르고 문지르고 봉으로 눌러주는 방식이다.

캄보디아의 전통춤, 압사라 댄스

앙코르 유적의 벽에 새겨진 압사라 부조의 아름다움에 반한 사람이라면 한 번쯤은 눈앞에서 무희들이 춤추는 모습을 상상해보았을 것이다. 유적 관람을 마치고 씨엠립에 돌아오면 앙코르 부조의 무희들이 현실 세계로 튀어나온 듯한 공연을 볼 수 있다. 어디서 어떻게 관람해야 할지 차근하게 알아보자.

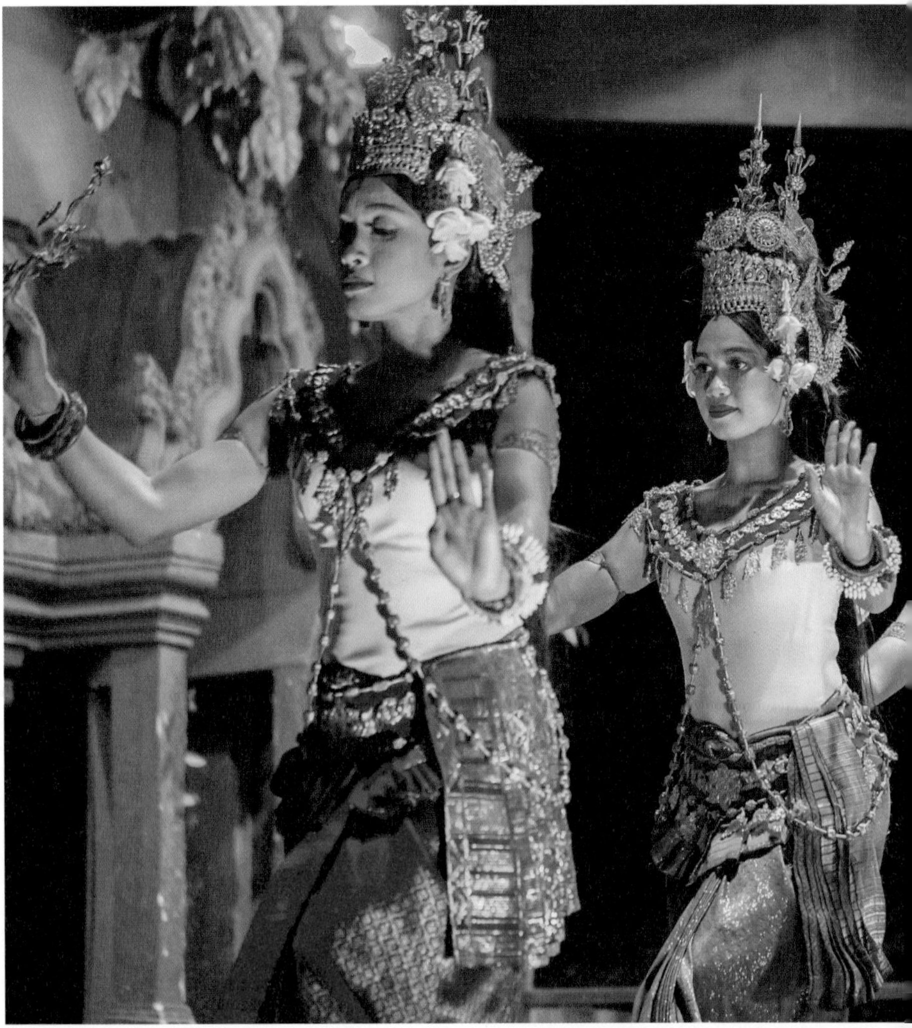

1

압사라 댄스란?

압사라 댄스는 캄보디아 전통춤의 하나로 크메르 황실 발레, 혹은 캄보디아 궁중무용으로 불린다. **압사라는 힌두교와 불교 신화 속에 등장하는 물과 구름의 요정**인데, 후에 천상의 존재를 표현하면서 앙코르 왕실을 위해 춤을 추는 무희를 뜻하는 말이 되었다. 현재의 압사라 댄스는 앙코르 유적의 사원과 궁전에 새겨진 부조의 동작으로부터 재현한 것으로, 2003년 유네스코 세계 무형 문화유산으로 등재되었다.

앙코르와트 부조 속의 압사라

2 어디서 볼까?

씨엠립의 레스토랑, 호텔 등에서 여행객들을 위한 압사라 댄스 공연을 열고 있다. 공연 자체만 볼 수 있는 극장은 따로 없으며, 호텔이나 식당의 홍보를 위해 공연하거나 대형 테이블이 마련된 극장식 홀에서 저녁 뷔페와 함께 공연하는 것이 일반적이다.

3 보는 방법은?

식당, 클럽, 호텔에서 열리는 공연의 경우, 공연 시간을 확인하고 시작 전 미리 자리를 잡고 앉으면 된다. 극장식 뷔페의 경우 직접 가는 것보다 호텔이나 여행사에서 판매하는 바우처를 구입하는 것이 좀 더 저렴하다. 식사를 하지 않아도 할인은 따로 되지 않는다. 바우처를 들고 지정된 시간에 가서 자리를 잡는다. 보통 무대 앞 좋은 자리는 단체 여행객을 위해 비워두는 경우가 많은데, 그래도 일찍 가서 앞자리에 앉는 것이 좋다. 비수기에도 사람이 많다.

4 뷔페 식당의 음식 수준은?

뷔페식이라고 해서 식사에 큰 기대를 하지 말 것. 현지 음식을 중심으로 구성되며 식당에 따라서는 다른 아시아 국가들의 음식을 준비하기도 한다. 단, 고기 종류는 많지 않고 야채와 탄수화물류로 구색을 맞췄다고 생각하면 된다. 볶음국수, 쌀국수, 사테 종류가 무난하다. 음료는 바우처에 포함되어 있지 않아서 따로 주문해야 하는데, 맥주, 콜라처럼 캔이나 병에 들어간 음료를 시키는 것이 좋다.

6 압사라 댄스에서 눈여겨 봐야할 것은?

가장 먼저 부조 속의 압사라 모습을 재현한 머리장식, 복장, 화장 등을 감상한 후, 무희들의 움직임에 주목한다. 무대에 들어선 후 이동할 때 발놀림과 얼굴 표정으로 마치 구름 위를 떠다니는 듯한 느낌을 전달한다. **압사라 댄스에서 가장 핵심적인 부분은 바로 무희들의 손동작**이다. 손가락을 곡선 형태로 세우거나 벌리고, 손을 뒤집어 가면서 끊임없이 움직이는데, 그 자체로 압사라의 화려한 장식이 된다. 꽃과 나무와 같은 신화 속 세계의 화려함을 표현하는 동작인데, 얼핏 보면 부처의 수인을 닮았다.

7 어디로 가야 할까?

뷔페식 식당 중에서는 시내에 위치한 쿨렌 II가 접근성이 좋다. 걸어서 직접 찾아갈 수 있어서 툭툭 비용이 절약된다. 톤레 메콩 레스토랑은, 점심은 일반 식당으로 운영하고 저녁에 뷔페식 공연을 한다. 툭툭으로 3~4달러면 갈 수 있고 시설과 음식 수준이 쿨렌 II보다 조금 더 낫다.

● **쿨렌 II Koulen II**
[지도] p.80 B [위치] 럭키몰에서 도보 1분 [주소] # 5, Sivatha Road [요금] 1인 $12 [전화] +855 92 630 090 [홈피] koulenrestaurant.com

● **톤레 메콩 레스토랑 Tonle Mekong Restaurant**
[지도] p.80 A [위치] 럭키몰에서 툭툭으로 10분 [주소] # 110, National Road 6 [요금] 1인 $12 [전화] +855 12 902 298 [홈피] cambodiarestaurants.com

5 공연 순서는'?

본격적인 공연이 시작되기 전에 악사들의 연주로 분위기를 잡기 시작한다. 그다음 곧바로 압사라 댄스로 들어가지 않고 2~3개의 사전 공연을 한다. 주로 힌두교 신화 속 인물에 대한 것이나 크메르 어부들의 구애 춤을 보여준다.

🎁 올드마켓 Old Market

씨엠립 전체가 관광객을 위한 도시가 되어가고 있지만, 현지인들이 살아가는 옛 모습을 간직한 곳이 있다. 현지인들은 프사르 차스 Psar Chas라고 부르는 올드마켓이다. 올드마켓은 현지인들이 하루를 살기 위한 물건들을 판매하는 재래시장의 분위기가 남아 있다. 시장은 1층 건물로 되어 있는데, 단일 건물로는 씨엠립에서 가장 크다고 할 수 있다. 건물 바깥쪽은 동서남북 방향에 따라서 다른 성격의 가게들이 모여 있다. 북쪽에는 저렴한 식당들이 있고, 동쪽 가게들은 현지인들을 위한 옷과 잡화들을 주로 판다. 강변과 마주하고 있는 남쪽에는 기념품점과 장신구점들이 많다. 그래서 이쪽으로 걷다 보면 흔한 관광객용 시장으로 착각하기 쉽다.

지도 p.83ⓖ 위치 럭키몰에서 도보 12분 주소 2 Thnou Street 오픈 07:00~20:00

1 시장 북쪽에는 저렴한 식당들이 모여 있다. 2 기념품을 사려는 관광객들도 많이 찾는다.

3 시장 안쪽에 재래시장이 남아 있다. 4 간단히 요기할 수 있는 가게들 5 현지인들이 살아가는 활기찬 모습을 볼 수 있다. 6 보석과 장신구 가게들이 있는 구역이 시장에서 가장 깨끗하다.

하지만, 일단 안으로 들어가면 옛 시장 모습이 그대로 남아 있다. 상인들은 좁은 통로 사이 다닥다닥 붙은 가판에 물건을 잔뜩 올려놓고 손님을 기다린다. 내부도 구역마다 파는 물건이 달라서 깊숙이 들어갈 때마다 새로운 풍경이 나타난다. 여행자들에게 가장 반가운 가게는 과일과 채소를 파는 곳. 흥정이 필요하지만 신선한 과일을 싸게 구입할 수 있다. 남대문의 광장시장처럼 먹거리를 파는 노점들이 늘어선 곳도 있다. 가장 인상에 남는 곳은 생선, 고기를 파는 구역이다. 특히, 더운 날씨에도 냉동시설 없이 닭고기, 개구리 등을 팔기 때문에 시각과 후각면에서 강렬한 인상을 남긴다.

Tip

시장에서 흥정하기

올드마켓에서 물건을 사려면 기본적으로 흥정을 해야 한다. 진품은 없고 가격이 싼 맛에 구입하는 것이기 때문에 적극적으로 흥정에 임할 것. 특히, 여행자용 기념품을 살 때는 처음 부르는 가격의 절반 이하로 흥정을 시도하는 것이 좋다.

올드마켓에서 주목할 만한 숍

가격은 싸지만, 물건들이 개성이 떨어지고 흥정을 해야 하는 올드마켓. 그 안에서도 흥정에 대한 스트레스 없이 믿을 수 있는 물건을 파는 곳이 있다. 올드마켓에 왔다면 한 번쯤 구경해볼 숍 2곳을 소개한다.

크루 크메르 Kru Khmer

크루 크메르는 천연재료를 이용한 오가닉 목욕용품 전문점이다. 크루 크메르란 고대 크메르 제국 시절, 뿌리, 잎, 약초를 이용해 자연 치유를 시도한 고대의 치료사를 뜻하는 말이다. 레몬그라스, 로즈마리, 파파야, 오렌지 등의 재료로 만든 핸드크림, 비누가 특히 다양하며, 목욕소금, 아로마 미스트 등도 좋다. 주요 고객인 일본인 감성에 맞춰 디자인이 깔끔하고 실용적인 것이 특징. 돌, 코코넛 껍질, 곡물의 씨앗을 이용한 액세서리 종류도 판매한다.

[지도] p.83ⓖ [위치] 올드마켓 [주소] Psar Chas, Pokambor Road [오픈] 09:00~21:00 [요금] 천연비누 $2.50, 목욕소금 $3~ [전화] +855 92 829 564 [홈피] krukhmer.com/en

아이 러브 캄보디아 I ♡ Cambodia

일본의 국제 비영리 단체인 카모노하시 프로젝트가 운영하는 가게로 캄보디아인이 직접 만든 수공예품들을 판매한다. 이곳의 많은 제품들이 골풀의 줄기를 엮어서 만든 것인데, 유사한 다른 브랜드의 제품들에 비해서 색상이 원색톤으로 화려한 것이 특징이다. 주력 상품은 컵받침과 테이블보, 지갑, 조리형 샌들 등이 있다.

CHECK 간판과 제품에는 I ♡ Cambodia라고 적혀 있지만, 인터넷에서 검색하려면 Kamonohashi Project로 해야 한다.

[지도] p.83ⓖ [위치] 올드마켓 남쪽 [주소] Psar Chas, Pokambor Road [오픈] 08:00~22:00 [요금] 컵받침 $1~, 휴지상자 $5, 지갑 $7~

아로마 미스트
목욕 소금
천연재료로 만든 수제비누

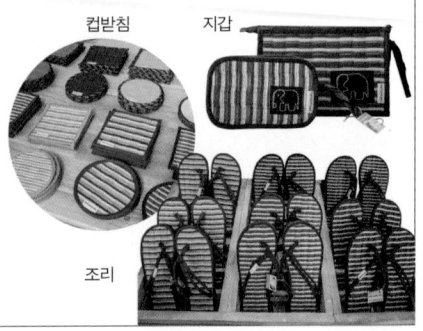

컵받침
지갑
조리

올드마켓에서 살 수 있는 상품

1 압사라 피규어 2 신선한 과일 3 목재 조각들 4 말린 바나나, 감자, 타로 칩 5 스카프 6 캄보디아산 후추와 향신료 7 장식용 봉제 인형 8 말린 열대과일 9 코코넛 껍질 그릇 10 코끼리 문양 바지

🏮 앙코르 나이트마켓 Angkor Night Market

밤마다 여행자들이 몰려드는 곳으로 펍 스트리트와 쌍벽을 이루는 여행지다. 하룻밤을 펍 스트리트에서 보냈다면 다음 날은 나이트마켓에서 보내면 좋다. 올드마켓이 현지인을 위한 재래시장에서 여행자용 시장으로 발전한 곳이라면, 앙코르 나이트마켓은 오직 관광객을 위한 상품을 팔기 위해 만들어진 곳이다. 상업적이지만 오히려 주변 환경이 깨끗하고, 개성 있는 디자인의 물건을 갖춘 숍들이 많아서 구경하는 재미가 있다. 기념품들이 정리가 잘 되어 있고 가격도 대체로 저렴한 편. 기념품만 사는 것이 아니라 먹을거리도 있고 가볍게 마사지도 받을 수 있다. 특히, 호객행위가 심하지 않아서 편하게 둘러 볼 수 있다. **CHECK** 호객행위는 별로 없지만 정찰제가 아니기 때문에 이곳에서도 마음에 드는 물건은 흥정을 해야 한다. 물건에 따라서는 50% 이상 저렴한 가격으로 구입할 수 있다.

[지도] p.82ⓕ [위치] 올드마켓에서 도보 5분 [주소] Angkor Night Market St, Stung Thmey Village [오픈] 17:00~24:00 [전화] +855 93 800 811 [홈피] www.angkornightmarket.com

1 캄보디아 전통주를 파는 가게
2 나이트마켓 입구에서 술 마시기 좋은 아일랜드 바
3 거리에서 간단하게 마사지를 받을 수도 있다.
4 올드마켓보다 개성 넘치는 숍들이 많다.

나이트마켓에서 살 수 있는 **상품**

1 1달러 스카프 2 천연염색 스카프 3 부레옥잠으로 짠 가방 4 캄보디아 프린트 티셔츠 5 천연소재로 만든 모자 6 코코넛 껍질 그릇 7 여성용 액세서리 8 수제비누 9 캄보디아 전통 담금주, 솜바이 10 캄보디아 그림

🎁 럭키몰 Lucky Mall

씨엠립 중심가에 위치한 쇼핑몰로, 시내에서 가장 번화한 곳 중 하나다. 올드마켓에서는 조금 거리가 떨어져 있지만 몰 내부의 슈퍼마켓이나 주변 식당들을 다니기 편리하기 때문에 툭툭 기사에게 목적지로 자주 알려주게 된다. 건물은 3층으로 되어 있는데 1층의 슈퍼마켓, 2, 3층의 식당 외에 여행자의 눈에 띄는 브랜드는 많지 않다. 현지인들을 위한 화장품, 잡화점, 옷매장 등이 있어서 씨엠립 시민들도 많이 찾는다. 동네 몰에 구경나온 기분으로 가볍게 둘러보자.

지도 p.80ⓑ 위치 올드마켓에서 도보 15분 주소 Sivatha Road 오픈 09:00 ~22:00 전화 +855 63 760 740

럭키몰 내부

실내 분위기는 밝고 깔끔하다.

럭키몰 식당

쇼핑도 하고 밥도 먹고 놀기도 하는 것이 요즘 쇼핑몰을 제대로 즐기는 방법이다. 씨엠립의 럭키몰은 우리나라 아파트 단지에 있는 상가 쇼핑센터 수준이라 대형 백화점에서처럼 커다란 만족감을 얻기는 힘들다. 하지만, 큰 기대를 하지 않고 식사를 할 곳을 찾는다면 다음 식당을 찾아가 보자.

2층 통유리 앞쪽 테이블

마음에 드는 재료를 골라 육수에 넣는다.

럭키 버거 Lucky Burger

럭키 버거는 캄보디아의 토종 패스트푸드 브랜드로, 1996년에 처음 프놈펜에 문을 열었다. 메뉴 구성은 버거킹과 KFC를 합한 후 메뉴 종류를 많이 줄여놓았다고 생각하면 된다. 버거의 소고기 패티에는 호주의 블랙 앵거스 소를 사용하는데, 질감과 맛은 평범하다. 패티가 두 장 들어간 럭키 더블 버거나 블랙 앵거스 쿼터 파운드 버거처럼 고기가 많이 들어간 버거가 낫다. 치킨 종류는 크기가 좀 작아서 아쉽다. 이곳의 장점은 넓은 좌석 공간. 2층 창가 쪽에 테이블이 많고 전체적으로 좌석에 여유가 많아서 편하게 쉬어가기 좋다.

위치 럭키몰 2층 오픈 09:00~22:00 요금 버거세트 $3.70~6.25, 치킨라이스 $2.50 전화 +855 10 576 263

럭키 샤부 하우스 Lucky Shabu House

저렴한 가격에 샤부샤부를 무제한 먹을 수 있는 뷔페식 레스토랑이다. 마치 회전초밥집처럼 컨베이어 벨트 위에서 재료들이 돌아가는 모습이 독특하다. 벨트 위의 재료들은 어묵, 버섯, 채소, 초밥, 고기, 채소, 옥수수, 버섯, 생선 등 다양하다. 한 사람씩 각자의 불판 위에 국물을 세팅해주는데, 국물은 똠얌 스타일의 스파이시, 고기 국물 맛의 노멀, 달콤한 맛의 스위트 중에서 선택할 수 있다. 이외에도 치킨, 사테, 돈까스, 볶음국수와 볶음밥, 과일과 아이스크림 등이 준비되어 있다. 주스와 탄산 등 음료도 포함되어 있지만, 퀄리티는 많이 떨어진다.

위치 럭키몰 3층 오픈 월~금 11:00~14:00, 17:00~22:00, 토·일 11:00~22:00 요금 평일 점심 어른 $6.00, 어린이 $4.00, 평일 저녁·토·일 어른 $7.50, 어린이 $4.00(키 1m 이하 어린이 무료) 전화 +855 12 440 301

럭키 더블 버거(좌)
쿼터 파운드 버거(우)

1인 1육수 세팅

🎁 티 갤러리아 T Galleria

지도 p.80ⓑ 위치 럭키몰에서 도보 13분 주소 No 968 Vithei, Charles De Gaulle 오픈 09:00~22:00 전화 +855 63 962 511 홈피 www.dfs.com/kr/siem-reap/stores/t-galleria-by-dfs-angkor

글로벌 면세점인 DFS에서 운영하는 고급 쇼핑센터다. 2층 건물로 그다지 크지는 않지만, 적어도 캄보디아에서는 최대 규모다. 구찌, 프라다, 코치, 에르메스, 불가리, 티파니 등 명품 브랜드와 함께 기념품으로 사기 좋은 일부 로컬 브랜드들이 입점해 있다. 올드마켓이나 럭키몰과 비교했을 때 씨엠립에서 가장 세련된 쇼핑 매장이라고 할 수 있다. 중국인 단체 관광객들이 들어올 때를 제외하고는 차분하고 조용한 분위기에서 쇼핑할 수 있다. 다만, 면세점으로 보기에는 가격이 비싼 편이라, 여러 개 사면 하나를 추가로 주는 프로모션을 적극적으로 활용해 보자.

CHECK 씨엠립 앙코르 국립 박물관과 바로 붙어 있다. 에어컨 시설도 잘되어 있기 때문에 박물관을 관람할 때 함께 구경하면서 쉬어 가면 좋다.

1 앙코르 기념품도 판매한다.
2 씨엠립에서 가장 화려한 매장

🎁 럭키 슈퍼마켓 Lucky Supermarket

럭키몰 1층에 있는 대형 슈퍼마켓이다. 규모가 씨엠립에서 가장 크다고는 할 수 없지만 뭔가 캐리어를 채워야 할 물건을 사야 할 때 가장 먼저 고려하게 되는 곳이다. 채소와 먹을거리, 생필품 외에도 관광객용 기념품과 선물용품까지 다양하게 갖추고 있다. 우리나라 컵라면도 있어서 굳이 한국에서 사 올 필요가 없다. 먹기 좋게 썰어서 포장해 놓은 열대과일은 유적을 보러 갈 때 간식거리로 유용하다. 시원하게 목을 축일 맥주뿐만 아니라 와인도 구매할 수 있다.

지도 p.80 ⑧ 위치 올드마켓에서 도보 15분 주소 Sivatha Road 오픈 09:00~22:00 전화 +855 81 222 344

1 씨엠립에 온 여행자들의 필수 코스 2 잘라놓은 과일이 유용하다. 3 여러 종류의 맥주와 와인이 있다. 4 한국 컵라면도 다양하게 구비

Tip

슈퍼마켓 정문을 바라보고 왼편에 작은 베이커리가 있다. 빵 모양은 수수하지만 씨엠립 기준으로는 맛있는 빵을 파는 곳이다. 단찐의 징식이라 할 수 있는 플로스 빵 추천.

빵 코너도 들러보자

🎁 앙코르 마켓 Angkor Market 슈퍼마켓

럭키몰 바로 옆에 있는 슈퍼마켓이다. 럭키 슈퍼마켓보다 규모가 작지만, 물건 가격은 크게 차이가 없다. 대신 24시간 문을 열어서 매우 유용하다. 또한, 올리브 오일, 치즈, 태국산 소스, 베트남 커피, 오스트레일리아의 소금 등 럭키 슈퍼마켓에 없는 수입품류가 좀 더 많은 것이 이곳의 특징. 특히, 술 종류가 다양하다. 컵라면이나 소주 등 한국 물건들도 좀 더 가짓수가 많다. 에어컨을 강하게 틀어 놓는 것도 소소한 장점 중 하나다.

[지도] p.80Ⓔ [위치] 럭키몰에서 도보 1분 [주소] #52 Sivatha Road [오픈] 24시간 [전화] +855 63 767 799

1 다양한 수입 치즈가 많아서 서양 여행자들에게 인기가 있다. 2 다양한 미니어처 술 3 태국산 스리라차 소스, 피시 소스를 살 수 있는 곳

🎁 앙코르 트레이드 센터 슈퍼마켓 Angkor Trade Center Supermarket 슈퍼마켓

앙코르 트레이드 센터는 올드마켓과 가까운 강변도로에 서 있는 건물로, 번듯한 이름과는 달리 한산한 분위기의 쇼핑몰인데, 이곳 1층에 슈퍼마켓이 있다. 규모는 럭키 슈퍼마켓 정도에 물건들도 깔끔하게 정리되어 있지만, 손님은 그리 많지 않다. 생필품, 식품, 기념품 등 구성은 다른 슈퍼들과 대동소이한데, 상품 가짓수만 보자면 앙코르 마켓보다도 적게 느껴진다. 한적하게 쇼핑하고 싶거나, 숙소가 근처에 있거나, 지나가는 길이라면 한 번쯤 들러 볼 것.

CHECK 건물 1층 입구에 피자 레스토랑인 더 피자 컴퍼니와 The Pizza Company와 아이스크림 가게인 스웬슨스 Swensen's이 있다.

[지도] p.83Ⓗ [위치] 올드마켓에서 도보 2분 [주소] Pokambor Road [오픈] 09:00~22:00 [전화] +855 63 766 666 [홈피] www.angkortradecenter.com

물건 분류와 정리가 깔끔하다.

🎁 휘멩 미니마트 Huy Meng Minimart

슈퍼마켓

밤낮으로 붐빈다.

올드마켓 근처에서 24시간 운영하는 슈퍼마켓이다. 물건 가짓수와 규모로 볼 때 슈퍼마켓이라기보다는 편의점에 더 가깝다. 5개의 골목이 교차하는 코너에 있어서 위치가 아주 좋은 편이라 음료나 간식거리를 찾는 여행자들로 항상 붐빈다.

특히, 식당들이 문을 닫은 이후 밤늦게 술을 마시고 싶은 여행자들에게는 안식처와 같은 곳. 그 때문에 분위기가 조금 어수선하고 종업원들에게서 친절함은 기대하기 힘들다. 한국 라면과 과자도 판매한다.

지도 p.82ⓕ 위치 올드마켓에서 도보 4분 주소 #012 Sivatha Road 오픈 24시간 전화 +855 89 999 178

🎁 스타마트 Starmart

슈퍼마켓

칼텍스 주유소에서 함께 운영하는 24시간 편의점이다. 한국의 편의점을 연상시키는 인테리어에 한국 소주와 컵라면까지 판매한다. 올드마켓 쪽에서는 거리가 멀지만, 럭키몰 북쪽으로 숙소를 잡은 여행자라면 유용하게 이용할만하다. 매장 안에 커피 플러스라는 간이 카페도 함께 운영한다.

지도 p.80ⓐ 위치 럭키몰에서 도보 5분 주소 Tapul Road 오픈 24시간 전화 +855 12 480 040

우리나라 편의점 분위기

🎁 보디아 네이처 Bodia Nature

보디아 네이처는 **100% 천연재료를 이용한 바디 케어 제품**을 만드는 캄보디아 브랜드다. 각종 허브에 의한 자연치유 효과를 강조하고 있으며, 품질도 좋고 포장도 자연주의 콘셉트로 편안하고 세련된 이미지를 하고 있어서 여행 선물로 나눠주기에 무리가 없다.

함께 운영하고 있는 보디아 스파(p.122)에서도 사용하는 마사지 오일이 주력 제품. 레몬그라스, 생강, 티트리, 참깨의 향을 조합한 아로마 마사지 오일과, 순수하게 코코넛, 마카다미아, 호호바에서 추출한 퓨어 오일이 있다. 천연비누와 샴푸, 샤워젤도 있으며, 크기가 작은 바디밤이나 립밤은 여러 명에게 돌리기 좋은 선물로 그만이다. 비누를 제외한 모든 제품을 직접 테스트해보고 구입할 수 있다.

CHECK 럭키몰점, 올드마켓점, 보디아 스파점 등 씨엠립에 3개의 매장이 있다. 이용하기 편리한 곳을 찾아가면 된다.

지도 p.80⑧ 위치 럭키몰 1층 주소 Sivatha Road 오픈 09:00~22:00 요금 립밤 $2.90, 마사지 오일 $5.40 전화 +855 (0)17 675 399 홈피 www.bodia.com

허벌티

모기 퇴치제

마사지 오일

작아서 선물하기 좋은 미니 밤

천연 허브 비누

바디용품 세트

🎁 베리 베리 Very Berry

2009년에 문을 연 캄보디아산 수
공예품 전문점이다. 일본인 주인장
이 캄보디아를 돌아다니면서 선택
한 제품들과 자신이 직접 현지인들
과 힘을 합쳐 제작한 물건들을 판매
한다. 올드마켓에서 볼 수 있는 공장
제품에 비해 확실히 품질이 좋다.
면, 실크와 같은 재료에 천연 염색
을 한 스카프, 티셔츠와 원피스 등
귀여우면서도 편안한 디자인의 제
품이 많다. 캄보디아산 커피나 잼,
바디 케어 제품도 갖추고 있어서
가벼운 마음으로 둘러볼 수 있다.

천연 염색을 한
면&실크 스카프

캄보디아산 잼

부레옥잠 사진 프레임

지도 p.83ⓖ 위치 올드마켓에서 도
보 3분 주소 Psah Chas Alley 1 오픈
10:00~20:00 요금 스카프 $20~, 가방
$23~ 전화 +855 77 850 602

말린 부레옥잠을 꼬아서 만든 가방

♟ 수수 Susu

캄보디아 여인들이 만든 수공예품을 파는 브랜드다. '수수'란 말은 누군가 힘겹게 부딪혀야 할 일이 생겼을 때 '지지하겠다는 마음'을 표현하는 캄보디아어로서, 어려운 상황 속의 캄보디아 부족 여인들을 지원하는 브랜드 콘셉트를 그대로 표현하고 있다. 씨엠립에서 40km 정도 떨어진 크차스 마을에 공장을 세우고 그곳 여인들이 손으로 만든 제품을 판매한다.

이곳의 **주력 제품은 여름용 샌들과 여성용 토트백**. 특히, 샌들은 바닥은 골풀의 줄기를 엮어 만들고 끈과 테두리를 가죽을 이용했는데 신을수록 발바닥에 편하게 달라붙어서 여름에 신기 좋다. 디자인과 컬러 배합이 훌륭하며, 남녀용 모두 판매한다. 여성용 주얼리 제품도 눈여겨볼 것.

지도 p.83ⓖ 위치 올드마켓에서 도보 4분 주소 Pari's Alley, #14 The Lane 오픈 월~금 13:00~22:00, 토·일 14:00~22:00 요금 샌들 $25, 스카프 $25, 가방 $18~30 전화 +855 93 633 866 홈피 susucambodia.com

전통 스타일로 등심초(골풀)을 엮어 만든 샌들

토트백

🎁 크메르 영 Khmer Yeung

다른 숍보다 저렴하면서도 아기자기한 기념품을 찾는다면 이곳에 한 번 가보자. 올드마켓 길 건너편에 있는 기념품 가게로 크지 않은 매장에 동양 여행자들의 취향에 맞춘 귀여운 스타일의 물건들이 많다. 베리베리나 수수에 비하면 덜 믿음직스럽지만, 이곳 제품에도 만든 사람의 사진이 붙어 있다.

천 가방이 화려하다.

은은한 빛깔의 면 스카프도 컬러풀한 프린트의 천 가방도 다른 숍들에 비해 가격대가 저렴하게 시작한다. 아이들이 좋아할 것 같은 작은 인형이나 컵받침은 가격 부담 없이 구매할 수 있다.

컵받침

지도 p.83ⓖ 위치 올드마켓 맞은편 주소 Street 9 오픈 목~화 08:00~19:00 휴무 수요일 요금 스카프 $5~, 고리 인형 $3~, 천가방 $9~ 전화 +855 92 836 051

고리가 달린 작은 인형들

🏠 바욘 부티크 Bayon Boutique

위치와 가성비 면에서 좋은 평가를 받는 부티크 호텔이다. 나이트마켓, 펍 스트리트와 아주 가까운 편이라 입지만큼은 최상급이다. 단, 골목 안쪽에 있고, 입구가 잘 보이지 않아서 처음에는 찾기가 조금 어렵다. 안으로 들어가면 건물 규모가 생각보다 크고 인테리어도 잘 꾸며 놓았다. 건물 뒤편에는 몇 개의 베드가 놓여 있는 작은 수영장이 있어서 유적 구경을 마치고 시원하게 물놀이를 즐길 수 있다.

이곳의 가장 큰 장점은 방이 넓다는 것. 최신 시설은 아니고 조금 낡은 부분도 있지만, 공간을 충분히 쓸 수 있어서 좋다. 또한, 조식은 토스트, 과일, 쌀국수, 밥 등 메뉴에서 직접 선택하면 요리해서 가져다준다. 직원들도 전반적으로 친절하다.

지도 p.82Ⓔ 위치 올드 마켓에서 도보 7분 주소 Angkor Night Market Street 요금 더블룸 $25, 스위트룸 $30~50, 조식 포함 전화 +855 63 969 456 홈피 www.bayonboutique.com

조식으로 선택할 수 있는 쌀국수

공간이 넓은 것이 특징

식당

작은 수영장이 있다.

🏠 리디 라인 앙코르 레지던스 Rithy Rine Angkor Residence

나이트마켓의 뒤편, 아주 가까운 위치에 있어서 편리한 숙소다. 큰 거리에 있는 하얀 건물이라 찾기도 매우 쉽다. 대신 거리 쪽에 있는 방은 밤에 도로의 소음이 들리기 때문에 소음에 민감한 사람은 조금 더 비싼 뒤편 수영장 쪽 방을 구하는 것이 좋다. 방도 대체로 넓은 편이고 가구는 고급은 아니지만 깨끗하게 관리했다. 작은 수영장이 있어서 미니 리조트 분위기도 낼 수 있다. 조식은 뷔페 스타일로 나오며 과일과 몇 가지 볶음 요리가 나오지만, 맛이 좋은 편은 아니다. 호텔에서 투어도 신청할 수 있으며, 무료로 공항 왕복 교통편(툭툭)을 제공하므로 호텔 예약 시 꼭 확인할 것.

[지도] p.82ⓕ [위치] 올드마켓에서 도보 7분 [주소] Angkor Night Market Street [요금] 더블룸 $25, 디럭스룸 $30~40, 스위트룸 $45~55, 조식 포함 [전화] +855 95 777 756 [홈피] www.rithyrineangkorresidence.com

1 조식은 가짓수에 비해 좋은 평가를 받지 못한다. 2 더블룸 3 수영장

🏠 골든 프리미어 인 Golden Premier Inn

가족이 운영하는 작은 규모의 숙소지만, 방 하나만큼은 주변 호텔의 평균 이상으로 잘 관리하는 곳이다. 차들이 많이 다니는 도로에서 조금 떨어져 있어서 상대적으로 조용하다. 가장 기본이 되는 더블룸은 조금 좁은 편이지만, 침대가 푹신하고 전체적으로 깨끗하게 관리하기 때문에 이용하는 데 불편함은 없다. 처음 들어갈 때부터 체크아웃까지 주인을 비롯한 프런트 직원들이 항상 친절하게 손님을 맞이해주는 모습이 인상적이다.

[지도] p.82ⓕ [위치] 올드마켓에서 도보 5분 [주소] Steung Thmei Road [요금] 더블룸 $26, 디럭스룸 $35, 조식 포함 [전화] +855 92 876 232 [홈피] www.goldenpremierinn.com

트윈룸

AREA 2

앙코르 유적

앙코르 유적은 동남아시아에서 가장 중요한 고고학 유적 가운데 하나이다. 9세기부터 번성한 크메르 제국의
건축물들은 그 종교적인 의미뿐만 아니라 미학적인 가치로도 매우 뛰어나다. 그 정점에 있는 앙코르와트를
비롯해서 바욘 사원, 타 프롬 등 개성있는 고대 유적들의 집합체라고 할 수 있다. 일생에 한 번은 꼭 봐야 할
세계적인 문화유산인 앙코르 유적을 만나러 떠나보자.

앙코르 유적

N
0   3km

프레아 칸
Preah Khan

북문

앙코르 톰 p.161

승리의 문
Victory Gate

바푸온 사원
Baphuon Temple

서문

바욘 사원
Bayon Temple

앙코르 톰
Angkor Thom

남문
South Gate

프놈 바켕
Phnom Bakheng

앙코르와트 p.179

입구

앙코르 와트
Angkor Wat

씨엠립(4km)
앙코르 유적 매표소 (5.5km)

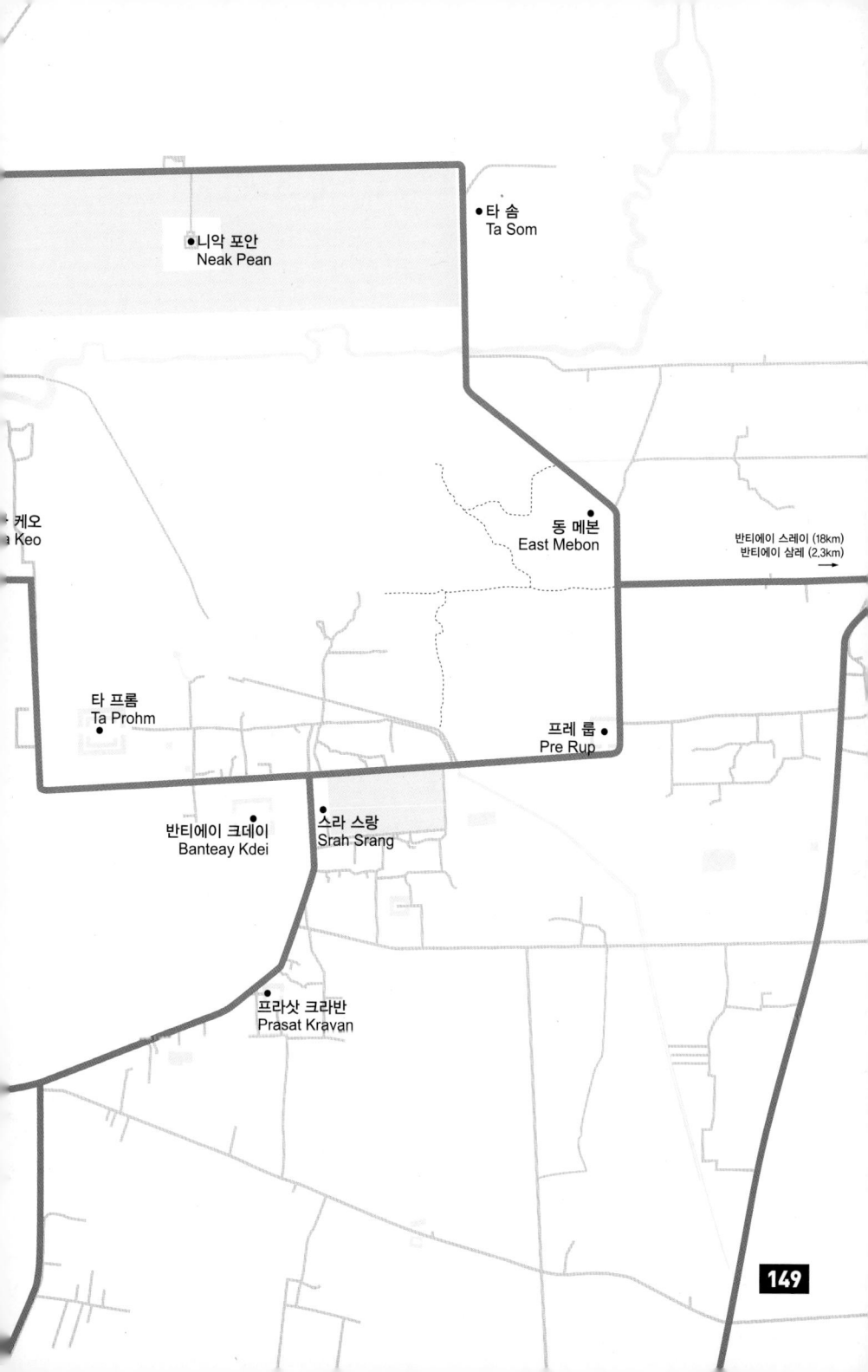

타 솜
Ta Som

니악 포안
Neak Pean

케오
Keo

동 메본
East Mebon

반티에이 스레이 (18km)
반티에이 삼레 (2.3km)
→

타 프롬
Ta Prohm

프레 룹
Pre Rup

반티에이 크데이
Banteay Kdei

스라 스랑
Srah Srang

프라삿 크라반
Prasat Kravan

앙코르 유적 한눈에 보기

규모가 가장 큰 유적인 앙코르와트와 앙코르 톰을 제외하고, 나머지 유적들은 순환 도로 주변으로 이곳 저곳 흩어져 있다.
위치를 이해하기 쉽도록 서로 가까운 것들을 묶어서 표기했다.

Spot. 1

앙코르 톰

바욘 사원, 바푸온 사원, 문둥왕 테라스,
코끼리 테라스, 프놈 바켕

앙코르 톰은 안에 사원과 왕궁이 있는 하나의 도시로 앙코르와트보다 규모가 훨씬 크다. 프놈 바켕은 앙코르 톰 바깥에 있지만 가까이에 있어서 함께 보면 좋다.

Spot. 2

앙코르와트

다리, 참배로, 1층 회랑, 십자 회랑, 중앙 성소

앙코르 유적 중 단 한 곳만 봐야 한다면 단연코 앙코르 와트! 입구에서 중앙으로 갈수록 신의 세계로 들어가는 듯한 경건함이 느껴진다. 1층 회랑을 따라 이어지는 부조가 핵심 볼거리.

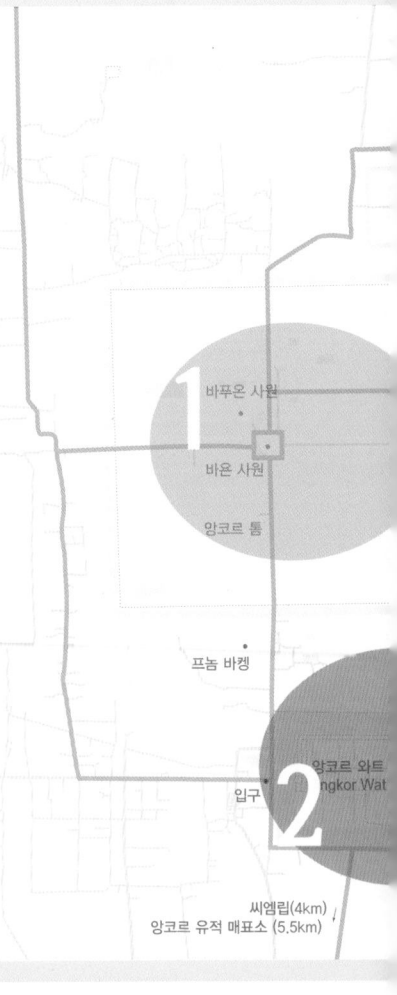

바푸온 사원

1

바욘 사원

앙코르 톰

프놈 바켕

앙코르 와트
ngkor Wat

2

입구

씨엠립(4km)
앙코르 유적 매표소 (5.5km)

Spot. 3

앙코르 북쪽 유적

<u>프레아 칸, 니악 포안, 타 솜</u>
순환 도로의 북쪽 도로를 따라서 3개의 유적이 나란히 있다. 남성미를 뽐내는 프레아 칸, 병원 역할을 한 수상 사원 니악 포안, 나무와 고푸라가 한 몸이 된 타 솜 모두 볼만하다.

Spot. 5

앙코르 북동쪽 유적

<u>반티에이 스레이, 반티에이 삼레</u>
다른 유적들에 비해서 북동쪽으로 약 5~20km 이상 떨어져 있는 2개의 유적. 가려면 시간을 더 들여야 하지만, 사원의 아름다움 때문에 그럴 만한 가치가 있다.

프레아 칸

•니악 포안

•타 솜

3

4

타 케오

동 메본

반티에이 스레이 (18km)
반티에이 삼레 (2.3km)

5

타 프롬

프레 룹

반티에이 크데이 •

•스라 스랑

프라삿 크라반

Spot. 4

앙코르 동쪽 유적

<u>타 프롬, 반티에이 크데이, 스라 스랑, 프레 룹,
동 메본, 프라삿 크라반, 타 케오</u>
앙코르 톰와 앙코르와트를 기준으로 동쪽 도로를 따라서 위치한 유적들이다. 앙코르 3대 유적 중 하나인 타 프롬과 거대한 저수지 스라 스랑을 비롯해서 개성 넘치는 유적들이 모여 있다.

앙코르 유적 교통 안내

앙코르 유적군은 가장 가까운 앙코르와트가 시내에서 약 6km 떨어져 있고 먼 곳은 40km가 넘는다.
자신이 계획한 일정에 따라서 알맞은 교통수단을 찾는 것이 중요하다.

툭툭 Tuk Tuk

앙코르 유적을 구경하고자 할 때 가장 먼저 떠올리는 교통수단이다. 오토바이 뒤에 수레를 매달고 그 위에 사람이 앉을 수 있도록 의자를 달아 놓았다. 천장이 있어서 해가 가려지고 비가 많이 올 때는 비닐막을 내려 미약하나마 비를 피할 수도 있다. 유적 사이를 오갈 때 시원한 바람을 맞으며 경치를 구경할 수 있어서 좋다. 난 시끄러운 소리와 매연은 감당해야 하며, 비가 아주 많이 오면 비닐막이 무용지물일 수 있다.

시내에서는 툭툭 기사들이 유적을 관람하자며 호객행위를 한다. 거리에서 대기 중인 툭툭 기사와 협상할 때는 확인할 것이 많다. 숙소에 미리 부탁을 하는 것도 방법이다.

요금 2인 기준 1일 15달러~, 앙코르와트 일출 +5달러, 반티에이 스레이+반티에이 삼레 +7달러, 추가 인원 탑승 +2달러

 Tip

툭툭 대절 시 꼭 확인하자!

❶ 출발시간과 도착시간을 확인한다. 보통 아침 8시부터 오후 6시 전후로 이용 가능하다.

❷ 출발지와 경유지, 최종 목적지 등 전체적인 일정을 확인한다.

❸ 전날 미리 협상해둘 경우 다음날 만날 장소와 시간을 확인한다.

❹ 인원수를 반드시 체크한다. 툭툭은 크기에 따라 3~4인까지 탈 수 있지만, 보통 2인 기준이며 그 이상은 추가 요금을 받을 수 있다.

❺ 점심을 씨엠립 시내에서 먹고 싶다면 반드시 출발 전에 알려줘야 한다. 그렇지 않으면 툭툭은 유적지 내에 있는 가까운 관광객용 식당으로 간다.

※툭툭 기사들에게 점심시간을 포함한 휴식시간을 주어야 한다. 12시 이후로 약 2시간 정도면 적당하다.

승용차

최근에는 툭툭보다 기사가 포함된 차량을 대여해서 유적을 관람하는 경우도 많다. 툭툭에 비해 승차감이 아주 좋고 무엇보다도 무더운 날씨를 피할 에어컨이 있는 것이 최고 장점. 3~4명 정도의 그룹이나 어린아이와 노약자를 포함한 가족이 함께 유적을 관람할 때, 그리고 반티에이 스레이 유적처럼 1시간 이상 이동해야 할 때 특히 좋다. 숙소나 여행사에서 예약한다.

요금 1일 35~40달러(운전기사 이용료, 기름값, 주차비, 기타 통행료 포함), 거리나 시간에 따른 추가 요금 별도

 밴

인원이 5명 이상일 경우 기사가 포함된 밴을 대여할 수 있다. 승용차와 같은 방식으로 운영한다.

요금 1일 40~60달러(운전기사 이용료, 기름값, 주차비, 기타 통행료 포함), 거리나 시간에 따른 추가 요금 별도

오토바이

기사와 미리 약속할 필요 없이, 그때 그때 자유롭게 유적을 둘러보고 싶다면 오토바이를 대여하는 것도 좋다. 국제운전면허증이 없어도 대여와 운전이 가능하며, 대여 시 여권을 맡겨야 한다. 단, 길이 험해서 사고 위험이 항상 존재하므로 오토바이를 잘 몬다고 해서 방심해서는 안된다.

전기 바이크를 빌려주는 곳도 많다. 한 번 충전으로 약 40km를 이동할 수 있다. 앙코르 유적 내에 충전소 위치를 확인해 둘 것.

CHECK 오토바이 대여에는 따로 보험이 들어있지 않다. 사고 시 보상과 치료비 등 복잡한 문제에 휘말릴 수 있다. 요금 1일 5~15달러

자전거

자신의 두 다리에 자신이 있다면 자전거로 유적을 둘러볼 수 있다. 무엇보다도 저렴한 대여료가 장점이며, 일부 숙소에서는 무료로 자전거를 빌려주기도 한다. 중간에 충분한 휴식을 취하면서 이동해야 하며, 날씨가 언제든지 안 좋아 질 수도 있다는 점을 감안할 것. 여러 유적을 동시에 둘러볼 생각을 하지 말고 앙코르 톰이나 앙코르와트 등 단일 유적을 목표로 다녀오자.

요금 1일 1~2달러

앙코르 유적 실용 정보

앙코르와트를 비롯한 다양한 유적을 효과적으로 둘러보기 위해
입장권 구입 방법과 꼭 필요한 준비물에 대해 알아본다.

앙코르 유적 매표소
Angkor Official Ticket Center

앙코르 유적을 향한 모든 일정은 이곳에
서 시작한다. 매표소 건물은 씨엠립 시내
에서 4km 정도 떨어진 곳에 있으며, 캄
보디아 전통공연을 위한 회관을 연상케
하는 거대한 외형을 하고 있다. 유적군을
처음 방문하는 사람을 태운 툭툭들이 이
곳 주차장에 모여든다. 입장권의 종류에
따라서 창구가 달라서 자신이 원하는 입
장권을 판매하는 창구 앞에 줄에 서서 표
를 구매한다. 창구 뒤편으로 화장실과 카
페, ATM이 있다.

오픈 05:00~17:30

1 매표소 창구 **2** 매표소 카페, 커피, 스무디 등 음료를 판매한다. **3** 3일, 7일 입장권을 위한 줄

앙코르 유적 입장권

앙코르 유적 입장권 요금은 해마다 오르고 있다. 유적의 규모와 중요도를 생각하면 당연한 일이지만, 여행자 입장에서는 기분이 좋을 리 없다. 1일권, 3일권, 7일권 중에서 자신의 여행 스타일에 맞는 입장권을 구입하는 게 비용을 절약하는 지름길이다. 더욱 저렴하게 여행하고 싶다면, 하루라도 빨리 앙코르와트를 가는 것이 가장 좋은 방법이다.

유적에 들어갈 때마다 입장권을 확인한다.

 Tip

입장권 구입 FAQ

❶ 앙코르 유적 입장권으로 **스몰 투어와 빅 투어의 모든 유적과 반티에이 스레이, 반티에이 삼레에 입장할 수 있다.**

❷ 입장권은 방문 가능한 날짜에 따라서 총 3가지 타입이 있다. `1일권 37달러 / 3일권 62달러 / 7일권 72달러`

❸ 3일권은 발행일로부터 10일 이내, 7일권은 1달 이내에 원하는 날짜에 사용이 가능하다.

❹ 구매는 달러, 캄보디아 리엘, 유로로 구매 가능하다. 공식 가격인 달러로 사는 것이 편리하다. 신용카드로도 구매 가능하다.

❺ 입장권에는 현장에서 찍은 얼굴 사진이 새겨지며 코팅을 해서 준다. 매일 체크 포인트를 통과할 때마다 표에 방문한 횟수를 표시를 하게 된다.

❻ 입장권을 현장 매표소가 아닌 온라인으로 구매할 경우 대략 1일권 59달러 / 3일권 90달러 / 7일권 103달러 정도로 가격이 비싸진다. 여행정보 웹사이트인 트

립어드바이저 TripAdvisor나 익스피디아 Expedia에서 구매 가능하며, 결제까지 마친 후 여권 사진을 메일로 보내야 한다.

입장권 구입 시 유의사항

❶ 앙코르 유적 입장권은 환불이나 타인에게 양도가 불가능하다. 여행 계획을 세울 때 미리 유적군에서 며칠 동안 얼마나 많은 시간을 이곳에서 보낼지 미리 생각해둔다.

❷ 앙코르 유적 입장권은 오직 이곳 공식 매표소에서 판매한 것만 유효하며, 호텔이나 여행사, 인터넷에서 판매하는 것은 유효하지 않다.

❸ 앙코르와트에서의 첫 일정을 새벽 일출로 시작하고 싶다면, 전날 미리 표를 구입하는 것이 좋다. 오후 5시 이후부터는 다음날 입장 가능한 티켓을 구입할 수 있다.

유적지를 둘러볼 때 꼭 필요한 준비물

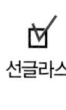 선글라스

 모자

썬크림

우산 또는 양산

물티슈나 손수건

가이드북

TRAVEL COURSE

앙코르 유적 이렇게 여행하자

많고 많은 앙코르 유적 중에서 어떤 것을, 어떤 순서로 봐야 할까?
체력과 시간이 허용하는 한도 내에서 동선을 알차게 짜서 돌아다녀 보자.

[**여행 방법**]

씨엠립의 여행사들은 관광객들이 편하게 일정을 짤 수 있도록 동선 상 한 번에 구경하면 좋은 유적들을 묶어 놓았다. **앙코르 3대 유적인 앙코르와트, 앙코르 톰, 타 프롬 그리고 일몰 풍경이 멋진 프놈 바켕을 묶어서 스몰 투어, 그리고 그밖에 먼 거리에 있는 유적들을 모아 빅 투어(혹은 그랜드 투어)**라고 부른다. 스몰 투어와 빅 투어에 각각 하루씩 할애하면 앙코르의 핵심 유적들은 모두 보게 된다.

CHECK 앙코르 북동쪽 유적인 반티에이 스레이와 반티에이 삼레는 스몰 투어 · 빅 투어에 포함되어 있지 않기 때문에 별도로 툭툭이나 투어를 신청해야 한다.

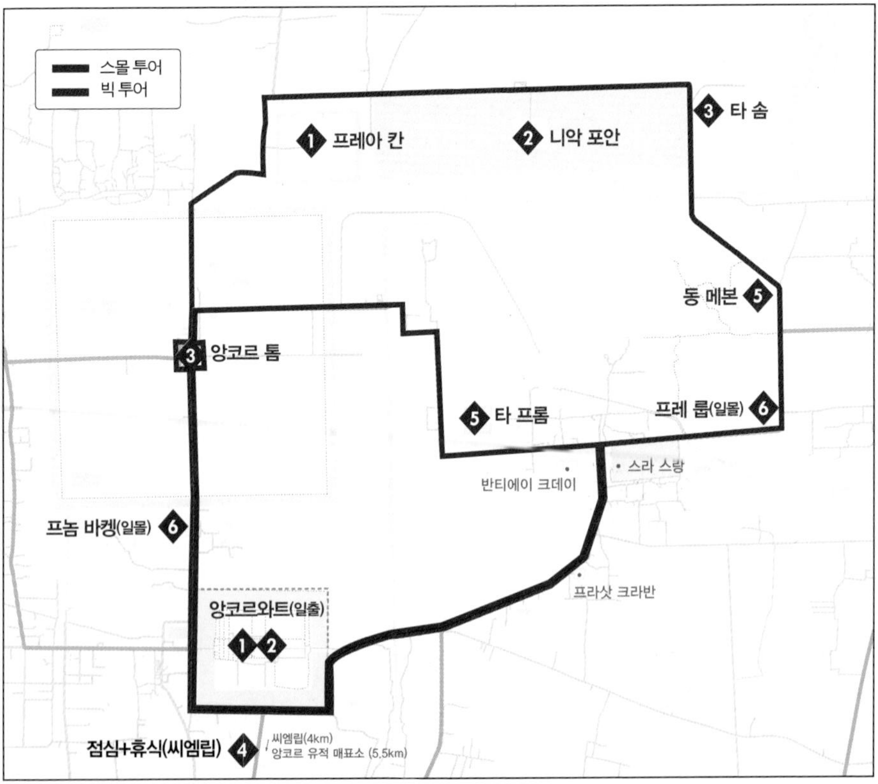

━━ 스몰 투어
━━ 빅 투어

1 프레아 칸
2 니악 포안
3 타 솜
3 앙코르 톰
5 동 메본
5 타 프롬
6 프레 룹(일몰)
반티에이 크데이
스라 스랑
6 프놈 바켕(일몰)
프라삿 크라반
1 2 앙코르와트(일출)
4 점심+휴식(씨엠립)
씨엠립(4km)
앙코르 유적 매표소 (5.5km)

 **DAY 1** **Small Tour**

앙코르 3대 유적을 돌아보는 코스

유적 〉 앙코르와트+앙코르 톰+타 프롬+프놈 바켕
요금 〉 툭툭 15달러, 자동차 35~40달러

①
앙코르와트(일출)

p.194

→

②
앙코르와트

p.178

→ 툭툭 10분

③
앙코르 톰

p.160

↓ 툭툭 20분

⑥
프놈 바켕(일몰)

툭툭 20분
p.174

←

⑤
타 프롬

툭툭 25분
p.196

←

④
점심+휴식

CHECK 1 점심을 씨엠립 시내에서 먹고 싶다면 툭툭 기사에게 반드시 출발 전에 알려줘야 한다. 그렇지 않으면 툭툭은 유적지 내에 있는 가까운 관광객용 식당으로 간다.

CHECK 2 앙코르와트 일출은 스몰 투어를 할 때 보지 않고 빅 투어 하는 날 봐도 된다. 일출 구경은 별도 요금이 붙는다.

CHECK 3 앙코르와트 중앙 성소는 한 달에 4~5일 들어갈 수 없는 날이 있다. 스몰 투어, 빅 투어 중 어느 것을 먼저 할지 선택할 때 참고하자.

DAY 2 **Big Tour**

개성 넘치는 유적들을 탐험하는 코스

유적 〉 프레아 칸+니악 포안+타 솜(+반티에이 크데이+스라 스랑+프라삿 크라반)+동 메본+프레 룹 요금 〉 툭툭 17~20달러, 자동차 40~45달러

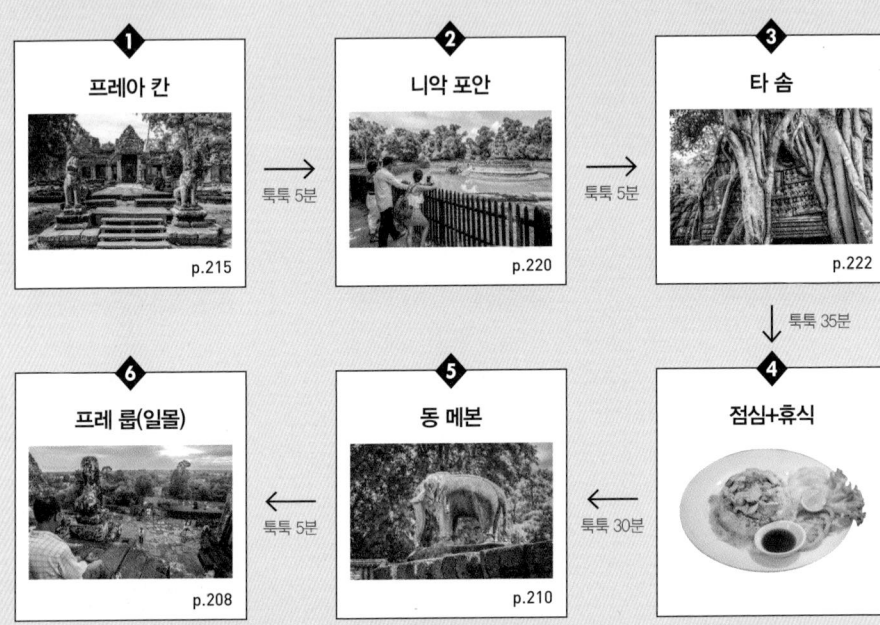

①
프레아 칸
p.215

→ 툭툭 5분

②
니악 포안
p.220

→ 툭툭 5분

③
타 솜
p.222

↓ 툭툭 35분

⑥
프레 룹(일몰)
p.208

← 툭툭 5분

⑤
동 메본
p.210

← 툭툭 30분

④
점심+휴식

CHECK 1 빅 투어를 다녀온 여행자들 중 일부는 유적이 모두 비슷하다고 느끼기도 한다. 빅 투어를 가기 전에 자신이 고대 유적에 대한 관심이 얼마만큼 있는지 잘 생각해보고 신청한다.

CHECK 2 동선이 긴 투어인 만큼 툭툭 기사나 투어 회사에 따라서 유적들을 보는 순서는 바뀔 수 있다. 또한, 반티에이 크데이와 스라 스랑, 타 케오, 프라삿 크라반과 같은 유적들이 빠지는 경우도 많다. 자신의 투어에 꼭 보고 싶은 유적이 포함되어 있는지 반드시 확인한다.

Angkor Thom, South Gate

앙코르 톰

Angkor Thom

● 자야바르만 7세(재위 1181~1218)가 왕국의 수도로서 1200년경에 건축

앙코르 톰은 이보다 반세기 정도 앞서 세워진 앙코르와트와 함께 크메르 문화의 쌍벽을 이루는 거대한 유적의 도시다. **앙코르는 왕국의 도읍, 톰은 크다는 뜻**으로, 앙코르 톰은 당시 크메르 왕국의 가장 중심이 되는 곳이었다. 각각 3km 길이의 성벽들이 정사각형으로 주위를 둘러싸고, 그 가운데에는 당시 세상의 중심을 뜻하던 바욘 사원이 높이 솟아 있다.

바욘 사원의 동서남북으로 2개의 중심대로가 도시를 4등분한다. 이 중심대로가 동서남북의 성벽과 만나는 곳마다 세운 문이 4개, 왕궁에서 동쪽으로 뻗은 대로 위에 세운 문이 1개, 총 5개의 문이 있다. 성문은 사방을 모두 커다란 얼굴 모양으로 만든 독특한 고푸라(탑문) 형식이며, 그 안쪽에 사원, 왕궁, 테라스 등 다양한 건축물들이 모여 있다.

위치 씨엠립 시내에서 툭툭으로 약 25분 주소 Angkor Archaeological Park 오픈 07:30~17:30

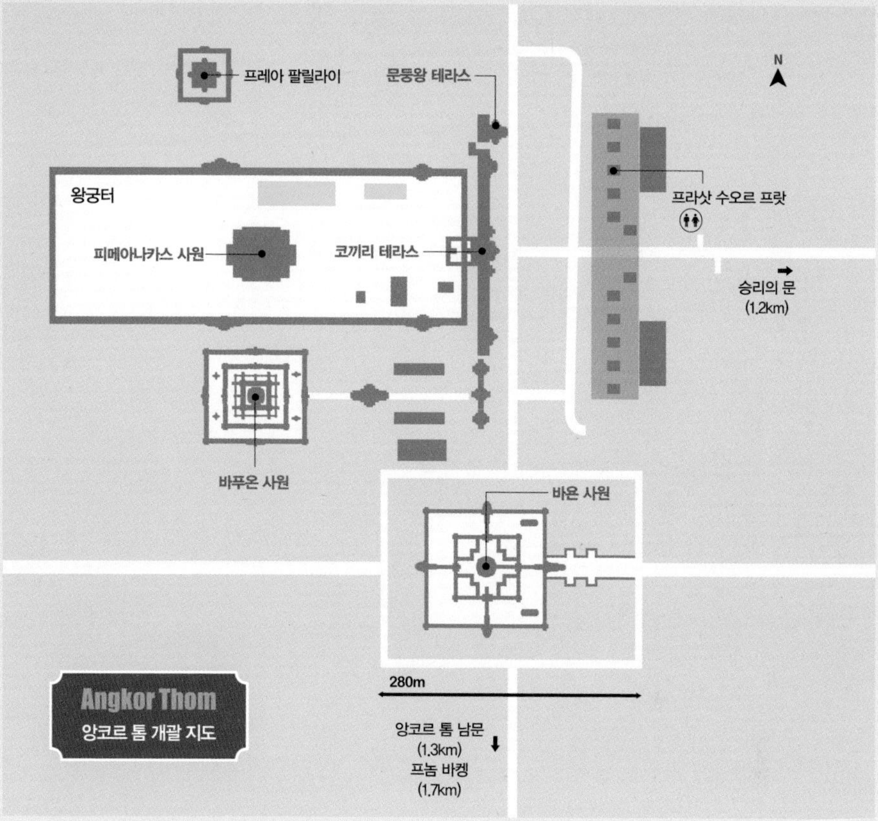

프레아 팔릴라이

문둥왕 테라스

N

왕궁터

피메아나카스 사원

코끼리 테라스

프라삿 수오르 프랏

승리의 문
(1.2km)

바푸온 사원

바욘 사원

280m

앙코르 톰 남문
(1.3km)
프놈 바켕
(1.7km)

Angkor Thom
앙코르 톰 개괄 지도

① 앙코르 톰 남문

② 바욘 사원

③ 바푸온 사원

④ 피메아나카스 사원

⑤ 문둥왕 테라스

⑥ 코끼리 테라스

앙코르 톰 남문

● 12세기 말, 자야바르만 7세 Jayavarman VII(재위 1181~1218)가 건축

'앙코르 톰'이라는 도시 속으로 들어가는 남쪽 문이다. 여행자들이 살고 있는 현실 세계와 유적이 간직하고 있는 과거의 경계가 되는 지점이다. 씨엠립에서 출발한 툭툭들은 약속이나 한 듯이 이곳 앞에 모여든다. 그리고 여행자들은 툭툭에서 내려서 직접 걸어서 문을 통과하면서 비로소 며칠간의 대장정이 시작된다.

강처럼 보이는 해자를 건너는 다리 위에는 수많은 조각상들이 좌우로 도열해 있다. 이 석상들은 각각 손에 커다란 뱀의 몸통을 붙잡고 있는 형상을 하고 있다. 다리의 왼편에는 나가의 머리쪽을 붙잡고 있는 54명의 신들이 있으며, 오른편에는 54명의 악마들이 꼬리쪽을 잡고 있다. 총 108개의 석상은 각각 다리 난간의 기둥 역할을 하고 있다. 난간의 조각상들은 모두 **힌두교의 창제 신화인 '우유 바다 젓기'를 형상화한 것**이다. 석상이 지키는 다리 뒷편에는 커다란 얼굴이 새겨진 대문이 있다. 탑처럼 높게 쌓아 올린 고푸라(탑문) 위로 커다란 관세음보살의 얼굴이 4면으로 내려다보고 있다. 입구의 폭은 자동차 한대가 겨우 지나갈 정도인데, 문 아래를 지나는 순간 관세음보살이 관장하는 세계로 들어가는 기분이 든다.

앙코르 톰을 만든 자야바르만 7세를 상징하는 관세음보살의 얼굴

108개의 석상은 다리 난간의 기둥역할을 한다.

나가의 머리와 몸통을 신들의 석상이 잡아당기고 있다.

바욘 사원

● 12세기 말, 자야바르만 7세 Jayavarman VII(재위 1181~1218)가 건축

사람은 본능적으로 다른 사람의 표정에 집착한다. 그리고 얼굴 위에 드러나는 메시지를 읽고 해석하려고 한다. 미소가 보이면 상대가 적의가 없는 것으로 해석하고 마음을 놓는다. 바욘 사원 안에 들어가는 순간 미소 짓고 있는 거대한 얼굴들에 둘러싸인다. 탑의 4면에 약 2미터 높이의 얼굴이 새겨져 있는데 현재 남겨진 탑이 37개이며, 얼굴은 총 117개이다. 불상의 미소를 닮은 이들은 누구의 얼굴인지, 왜 미소를 짓고 있는지 알수 없어도 발길은 계속 주위를 서성이게 된다.
'앙코르의 미소' 혹은 '크메르의 미소'로 불리는 바욘 사원은 앙코르와트, 타 프롬과 함께 여행객들에게 가장 인기 있는 사원이다. 앙코르 톰의 정 중앙에 위치해 있어 신성한 메루산을 뜻하는 것으로 여겨진다. 사원을 만든 자야바르만 7세는 앙코르를 지배하던 참파 왕국을 몰아내고 왕위에 오른 후 힌두교 대신 대승불교를 국교로 채택한다. 그리고 **정통성과 권위를 획득하기 위해 자신을 관세음보살의 화신으로 주장**하고 왕의 얼굴과 관세음보살의 얼굴을 더해 바욘 사원을 만들었다고 전해진다.
바욘 사원의 얼굴들은 크기, 입꼬리의 높낮이에 따라 표정의 느낌이 미묘하게 다르다. 미소를 짓고 있지만 어떤 것은 슬퍼 보이고 어떤 것은 감정이 드러나지 않는 것처럼 보인다. 또한 어느 시각에 방문해서 그림자가 어떻게 만들어지느냐에 따라서도 다른 얼굴처럼 보이기도 한다.

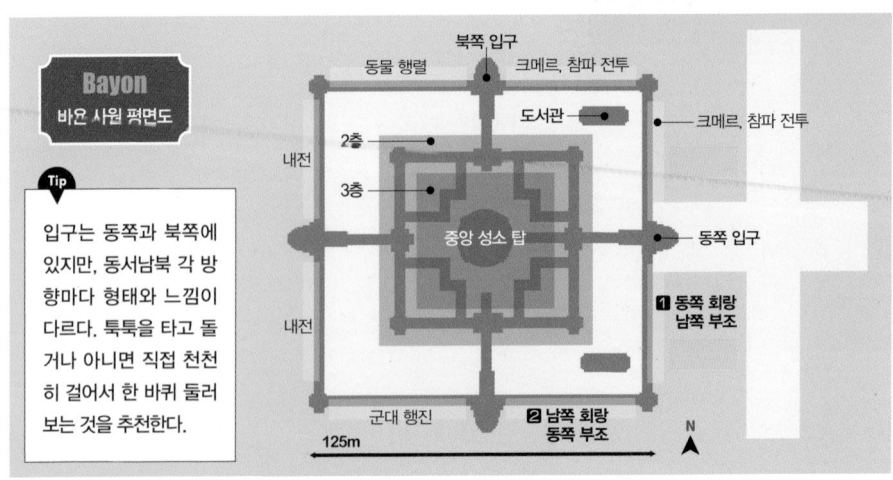

Bayon
바욘 사원 평면도

Tip

입구는 동쪽과 북쪽에 있지만, 동서남북 각 방향마다 형태와 느낌이 다르다. 툭툭을 타고 돌거나 아니면 직접 천천히 걸어서 한 바퀴 둘러보는 것을 추천한다.

북쪽 입구
동물 행렬
크메르, 참파 전투
도서관
크메르, 참파 전투
2층
3층
내전
중앙 성소 탑
동쪽 입구
내전
1 동쪽 회랑 남쪽 부조
군대 행진
2 남쪽 회랑 동쪽 부조
125m
N

1 서로 미묘하게 다른 표정과 미소를 가지고 있다. 2 중앙 성소 3 세월을 뛰어넘은 미소와 마주앉아 시간을 보낸다. 4 서쪽에서 바라본 바욘 사원

바욘 사원의 부조

1층 회랑의 벽에는 약 600m 길이의 부조가 채워져 있다. 주로 전쟁터와 마을의 생활에 대한 묘사로 이루어져 있는데, 표현이 사실적이고 직관적이라서 그림만 보고도 그 내용을 어느 정도 짐작할 수 있다. 부조가 새겨진 벽을 따라서 걷다 보면 마치 사원이 건축되었을 무렵 크메르의 한 시대를 거쳐 가는 기분이 든다.

1 동쪽 회랑의 남쪽 부조

베트남 참파군을 물리치러 출전하는 자야바르만 7세 행렬

티고 있는 지휘관들과 그 아래에서 창과 방패를 든 크메르 병사들의 행렬이 새겨져 있다.

중국인 서당

크메르 왕국에 거주하던 중국인들의 모습. 선생님 앞에 나란히 앉아서 공부하는 풍경이다.

2 남쪽 회랑의 동쪽 부조

참파군 vs 크메르군

참파군과 크메르군이 서로 맞붙었다. 참파군은 투구와 갑옷을 입고 있으며, 큰 귀를 가진 크메르군은 맨몸에 끈으로 된 바지만 입고 있다.

톤레 삽 호수의 전투

1177년 톤레 삽 호수에서 벌어진 참파군과의 전투장면이다. 배 위에는 투구를 쓴 참파군이 타고 있고, 배아래에는 물고기와 악어떼와 함께 배 아래 구멍을 뚫는 듯한 크메르 병사의 모습이 보인다.

사자에게 잡아먹히는 사람

어떤 사람이 사자에게 목을 물어뜯기고 있다. 그 옆으로 끈으로 엮은 지게를 멘 사람이 보인다.

아기 낳는 여자

집 안에서 두 여인의 도움을 받아서 한 여인이 아기를 낳고 있다.

돼지 싸움

양편으로 나뉘어서 돼지에게 싸움을 붙이고 있다.

돼지 삶기

사람은 불을 피우고, 다른 사람이 불 위의 통안에 돼지를 통째로 넣고 있다.

바푸온 사원
Baphuon Temple

● 우다야티야바르만 2세(1049~1065)가 건축한 불교 사원

'아들을 숨긴 사원' 이라는 뜻의 바푸온 사원은 규모로만 보면
앙코르와트에 이어 2번째로 크다. 하지만, 동쪽 입구 쪽에서
바라보면 그다지 인상적이지 않다. 입구에서 사원까지 이어지
는 약 220m의 참배로를 걸어들어가서야 비로소 거대한 산을
연상시키는 피라미드형 건물의 위용이 드러난다. 참배로를 천
천히 걷다보면 서울의 고궁들처럼 왕이 이곳으로 걸어가면 좌
우로 신하들이 도열해 있었을 것 같은 느낌이 든다.

사원으로 들어서면 중간의 테라스를 지나서 중앙 성소까지 올
라가는 높다란 계단이 있다. 중앙 성소에는 약 50m의 동으로
된 탑이 있었다고 하나 현재는 남아있지 않다. 대신 앙코르 톰
전체를 내려다 볼 수 있는 멋진 전망이 기다리고 있다.
CHECK 긴 참배로에는 해를 가리는 것이 전혀 없으며, 더운 한
낮에는 계단을 올라가기도 힘들다. 아침 일찍이나 오후 늦게
방문하면 좀 더 편하게 관람할 수 있다.

중앙 성소

Talk 바푸온 사원은 거대한 직소 퍼즐

바푸온 사원의 바닥을 이루고 있는 땅이 너무
부드러워서, 사원은 오랜 시간을 거쳐 천천히
무너져 내렸다. 현재 모습은 약 100년 동안 지
속적인 복원 과정을 거친 것. 최신 기술을 더
한 복원 작업이 아직도 진행되고 있다.

거대한 사원의 건물

돌다리 형태로 된 참배로

오르내리는 계단이 매우 가파르다

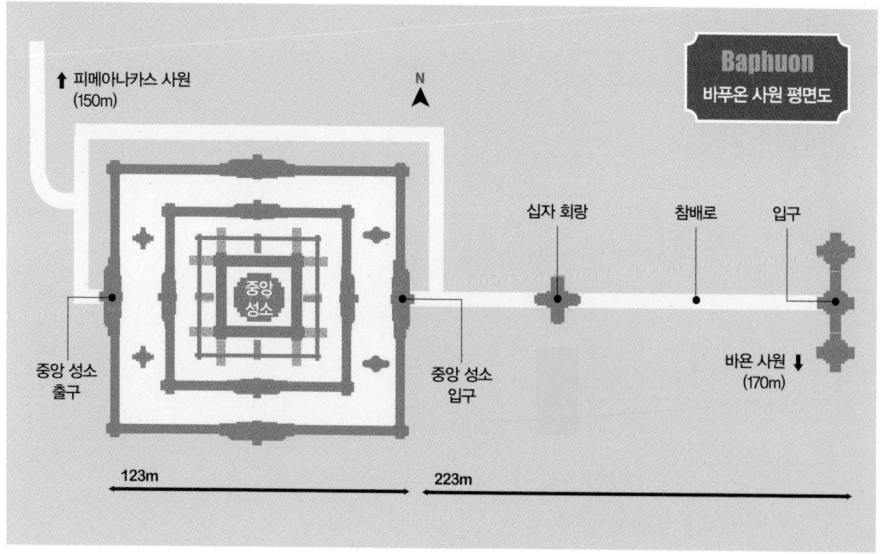

피메아나카스 사원
Phimeanakas Temple

- 자야바르만 5세(968~1001)가 건축 시작
- 수리야바르만 1세(1002~1049) 때까지 증축

바프온 사원에서 북쪽으로 이어지는 길을 따라가면 거대한 왕궁 터로 이어진다. 왕궁 안에는 관광객의 눈길을 끄는 건축물들이 몇 개 남아 있다. 그중에서 가장 중요한 곳이 바로 피메아나카스 사원이다. '천상의 궁전', '하늘의 궁전'이라는 뜻의 피메아나카스는 왕의 궁전과 사원이 결합한 형태로, 규모는 크지 않지만, 매우 독특한 성격을 띠고 있다.

건물은 3층의 피라미드 형태로 마치 마야 문명의 피라미드를 연상시킨다. 계단을 올라가면 아름답고 소박한 4각 회랑이 나타나는데, 각 코너에는 사자 모양의 조각상이 서 있다. 건물 중앙의 지성소에는 현재는 남아 있지 않지만, 황금탑이 있었다고 한다. 왕은 지성소로 올라와 제사를 지냈다.

Talk 피메아나카스 지성소의 비밀

원나라 사신 주달관의 〈진랍풍토기〉에는 피메아나카스 사원에 대해 다음과 같은 이야기가 나온다. "국왕은 밤이 되면 피메아나카스의 황금탑 아래 누웠다. 그러면 탑 속에 살던 머리 9개 달린 뱀의 정령이 여자가 되어 나타나서 왕과 동침을 했다. 왕이 하룻밤이라도 황금탑에 가지 않으면 반드시 재앙이 오며, 만약 정령이 나타나지 않으면 왕은 죽는다."

문둥왕 테라스

Terrace of the Leper King

● 자야바르만 7세 Jayavarman Ⅶ(재위 1181~1218) 시기에 건축

왕궁터의 북쪽 끝에는 높이가 6m나 되는 테라스가 우뚝 서 있다. 크기와 형태가 바로 옆의 코끼리 테라스와는 달라서 다른 목적으로 지어진 것으로 추정하는데, 테라스 내벽과 외벽에도 코끼리나 가루다 대신 나가와 신들의 부조가 빼곡하게 채워져 있다. 테라스 상단 부분에는 약 1m 크기의 조각상 하나가 있는데, 발견 당시 코와 손, 발 부분이 문드러져 있어서 '문둥왕 테라스'라고 불리게 되었다. 크메르 역사상 나병(한센병)에 걸렸던 야소바르만 1세나 자야바르만 7세의 조각상이라고 생각했기 때문. 현재는 이것이 죽음과 심판의 신 야마이며, 테라스는 화장터였던 것으로 보고 있다. 현재의 조각상은 모조품이고 실물은 수도인 프놈펜의 국립박물관에 전시되어 있다.

문둥왕 테라스의 조각상

코끼리 테라스

Terrace of the Elephants

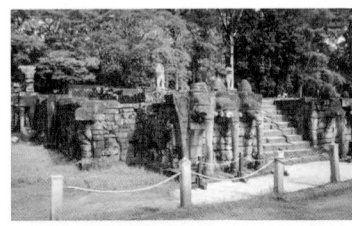

● 자야바르만 7세 Jayavarman Ⅶ(재위 1181~1218) 시기에 건축

1

피메아나카스 사원에서 동쪽을 향해 걸어가면 곧 눈앞에 넓은 공터가 펼쳐진다. 지나온 숲길은 과거 왕궁이 자리 잡았던 곳이고, **공터는 과거 왕 앞에서 군사행진과 행사를 벌였던 왕실 광장**이었다. 광장을 내려다볼 수 있도록 남북으로 약 330m 길이로 테라스를 만들었는데, 광장 쪽에서 보면 테라스 아래에 빼곡하게 코끼리 부조가 새겨져 있어서 코끼리 테라스라고 부른다. 녹색 잔디밭 건너편으로 마치 사열하듯이 서 있는 12개의 탑, 프라삿 수오르 프랏이 보인다.

테라스에는 총 3개의 단상이 있는데, 정 중앙의 단상이 왕을 위한 곳이다. 여기에는 나가로 장식한 난간과 사자상이 세워져 있고, 그 아래로 가루다 부조가 단상을 받치고 있는 모양으로 서 있다. 테라

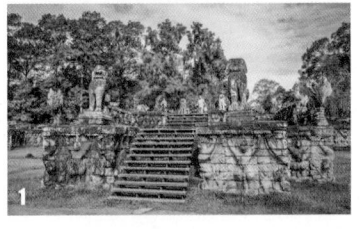

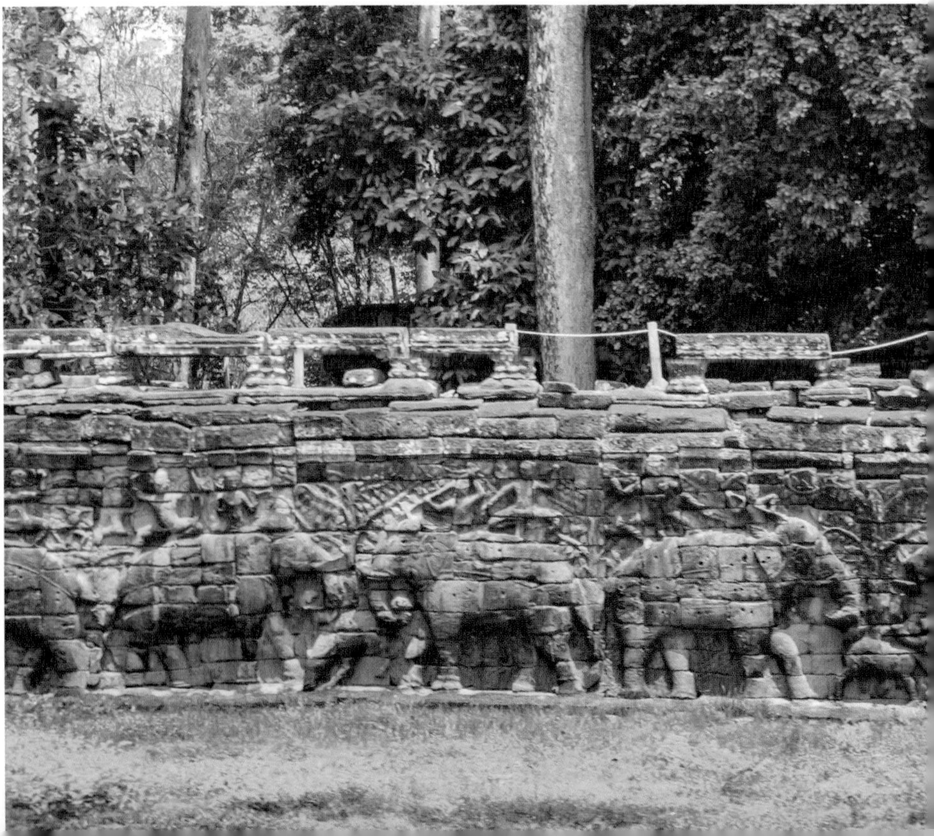

1 왕이 서 있던 중앙의 가루다 단상 2 코끼리 테라스 위에서 바라본 왕실 광장. 광장 건너편으로 12개의 탑인 '프라삿 수오르 프랏'이 보인다. 3 머리 다섯 달린 말의 부조

스 양 끝의 단상에는 코끼리의 코와 머리만 입체적으로 튀어나와 보이도록 장식되어 있다. **광장 반대편, 계단 뒷면에 있는 '머리 다섯 달린 말의 부조'는 꼭 찾아볼 것**. 위치상 왕의 말을 표현한 것으로 보이는데, 다른 유적의 부조들에서 흔하게 볼 수 없는 소재이면서, 툭 튀어나온 모양과 크기, 섬세한 머리털 표현에서 오는 존재감이 압도적이다.

광장 쪽에서 바라본 코끼리 테라스

프놈 바켕
Phnom Bakheng

- 야소바르만 1세 Yasovarman I (재위 889~910)가 건축
- 수도를 옮기면서 지은 힌두교 사원

프놈 바켕은 앙코르 톰 안에 포함된 유적은 아니지만, 앙코르 톰 남문과 앙코르와트 사이에 있어서 지나가는 길에 함께 방문하면 좋다. 또한, **프놈 바켕은 앙코르 유적 중에서 석양을 감상하기에 가장 좋은 곳으로 알려져 있다.** 그런데 이곳에 가려면 다른 사원을 방문할 때보다 더 철저한 마음의 준비가 필요하다. 프놈 바켕은 앙코르 유적 중에서 가장 높은 곳에 있는 사원으로 약 70m 높이의 언덕 꼭대기에 있다. 언덕 아래에서 출발해서 숲길을 따라 걸어 올라가면 사원 입구까지 약 20분 정도 걸린다. 옛날에는 사원을 중심으로 주변에 도시가 형성되어 있었는데 지금은 울창한 밀림이 덮고 있다.

아래에서 올려다본 프놈 바켕은 마치 힌두교 신화의 메루산을 보는 듯 그 자체가 또 하나의 산 모양을 하고 있다. 프놈 바켕이란 이름도 '중앙에 솟은 산'이라는 뜻. 정사각형의 피라미드 형태로 건축된 사원은 계단의 경사가 70도나 된다. 사원 위로 108개의 탑이 세워져 있다고 하는데 지금은 상당수가 훼손된 상태다.

언덕 아래의 사자상. 사원으로 올라가는 길이 시작된다.

[위치] 씨엠립 시내에서 차량 또는 툭툭으로 약 20분 [오픈] 07:30~18:30

Tip

일단 언덕길로 올라가기 시작했으면 사원 주변까지 화장실이 없다. 매점도 없으므로 물도 충분히 준비하는 것이 좋다. 숲속이기 때문에 모기약도 챙길 것.

유적으로 올라가는 숲길. 계단으로 된 길은 현재 사용하지 않는다.

Tip

코끼리 타고 정상으로

프놈 바켕으로 직접 걸어 올라가기가 힘들다면, 코끼리를 타고 갈 수도 있다. 걸어 올라가는 길과 다른 길을 사용하는데, 코끼리 위에 앉아 한층 높은 시점에서 주변 경치를 감상할 수 있다. 요금은 올라갈 때 20달러, 내려올 때는 15달러.

남쪽 계단 아래의 난디. 시바신이 타고 다니는 황소로 힌두교인들이 숭상한다.

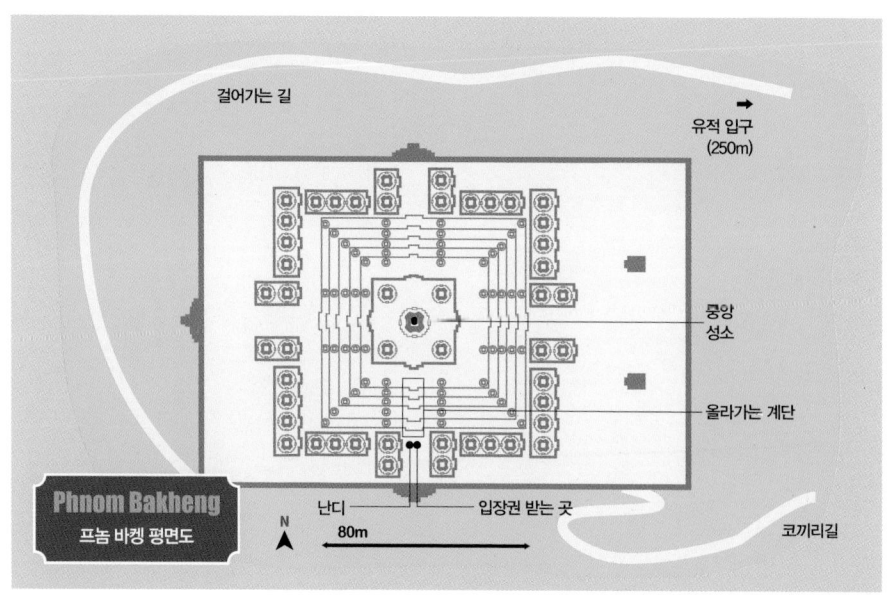

걸어가는 길

유적 입구
(250m)

중앙 성소

올라가는 계단

Phnom Bakheng
프놈 바켕 평면도

N
80m

난디

입장권 받는 곳

코끼리길

사자상으로 호위를 받는 듯한 계단 위로 오르면 평평한 중앙 성소가 나타난다. 중앙 성소 위에 있는 5개의 탑 역시 훼손이 심한 편이지만 문지기 상을 비롯해서 아름다운 부조들이 남아 있다. 정상에서 바라본 앙코르 평원은 마치 밀림의 바다를 보는 것 같다. 이곳에서 바라보는 일몰도 장관이지만, 중앙 성소에 한군데 자리를 잡고 일몰을 기다리는 사람들의 각양각색의 포즈도 구경거리 중 하나다.

1 중앙 성소 탑. 다른 유적들에 비해 훼손이 심하다. 2 프놈 바켕에서 바라본 녹색의 앙코르 평원 3 석양을 기다리는 여행자들 4 사원 아래의 긴 줄. 해가 지기 전 시간에 사람들이 몰린다. 5 유적 아래에서 올려다 본 프놈 바켕. 언덕 정상을 깎고 그 위에 돌을 쌓아서 만들었다.

목걸이 형태의 입장표. 사원에서 나올 때 반납한다.

CHECK 유적 보호를 위해 사원 정상에는 한 번에 300명의 사람만 올라갈 수 있다. 계단으로 올라갈 때 입장표를 받고 내려올 때 다시 회수하는 방식. 따라서 300명 이후로는 누군가 내려오지 않으면 올라갈 수 없다. 특히, 사람들이 일몰을 보기 위해 몰리는 오후 무렵에는 더욱 길게 줄을 서게 된다. 때문에 일찍부터 준비하지 않으면 해가 진 후에야 정상에 올라가게 될 수도 있다. **일몰 시간 기준 최소 1시간 30분 전에는 사원 입구에 도착하는 것이 좋다.**

앙코르와트

Angkor Wat

- 수리야바르만 2세(재위 1113~1145)가 건축, 37년간 공사
- 1586년 안토니오 다 마달레나 Antonio da Madalena가 발견
- 19세기 중반 프랑스 탐험가 앙리 무오 Henri Mouhot의 여행기로 세계적으로 알려짐
- 1992년 세계문화유산 등재

앙코르와트는 씨엠립 주변의 모든 고대 유적 중에서 최정점에 있는 건축물로, 우리가 캄보디아에 가는 이유다. 동아시아의 역사 유적물 중에서도 단연 최고의 작품이라고 할 수 있다. 수리야바르만 2세는 크메르인들의 모든 정수를 모아서 자신이 숭상하는 비슈누 신에게 바치는 사원을 만들게 했다. 남북 길이 1.3km, 동서 1.5km의 피라미드형 사원은 거대한 스케일과 대칭미를 보여준다.

위치 씨엠립 시내에서 툭툭으로 약 15분. 앙코르와트 다리 앞 하차

주소 Angkor Archeological Park

오픈 05:00~17:30

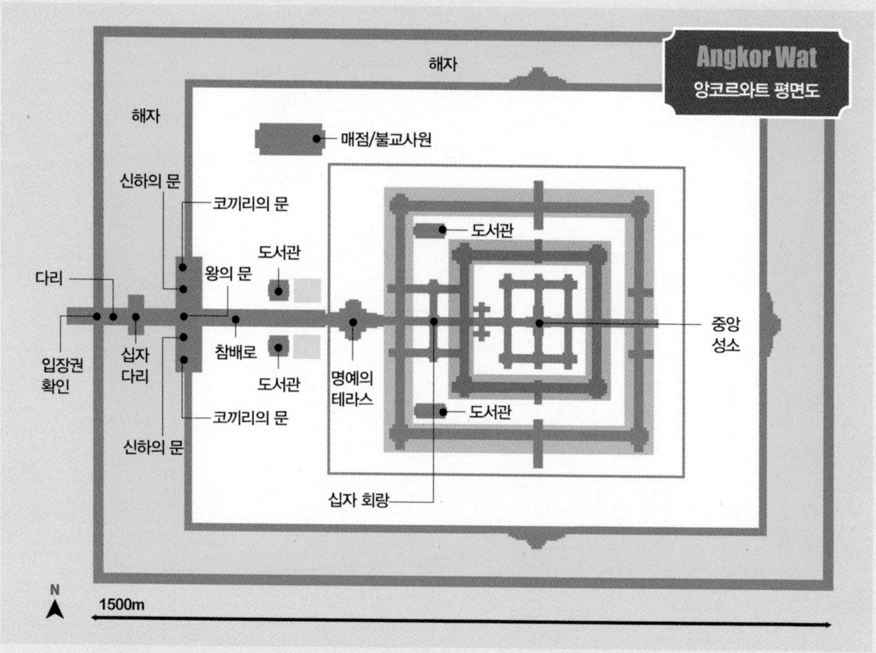

Angkor Wat
앙코르와트 평면도
해자
해자
매점/불교사원
신하의 문
코끼리의 문
도서관
다리
왕의 문
중앙 성소
입장권 확인
십자 다리
참배로
도서관
명예의 테라스
코끼리의 문
도서관
도서관
신하의 문
십자 회랑
N
1500m

특히, 사원을 둘러싼 회랑의 정교한 부조를 보면, 힌두 신화속의 우주와 건축 당시의 시공간을 하나로 엮어낸 책 한 권을 펼쳐보는 기분이 든다.

CHECK 1 앙코르와트의 중앙 성소는 앙코르 유적 중에서도 복장 규정이 가장 까다로운 곳으로, 어깨와 무릎을 가리지 않으면 들어갈 수 없다. 긴 옷을 입고 가거나, 가벼운 스카프 등 가릴 수 있는 것을 준비하자.

CHECK 2 캄보디아 달력에 부처님이 그려진 날은 중앙 성소에 올라갈 수 없다. 월 4~5회 정도 되므로 가장 먼저 체크할 것

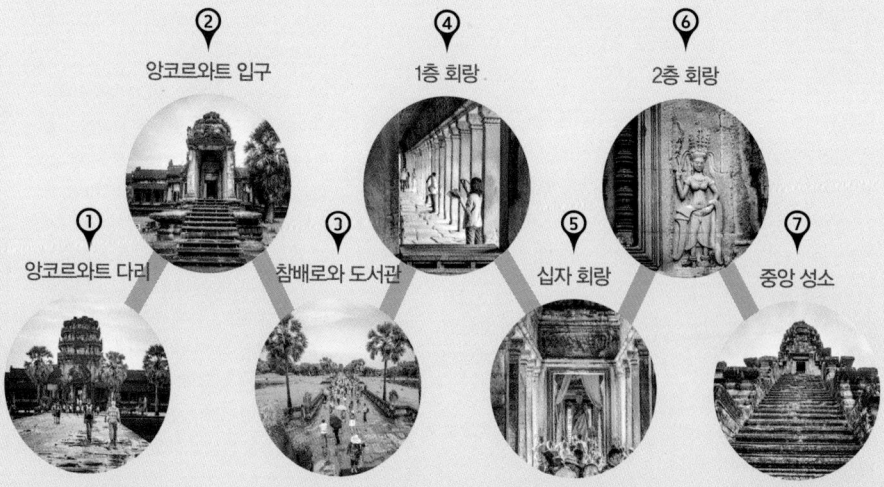

① 앙코르와트 다리
② 앙코르와트 입구
③ 참배로와 도서관
④ 1층 회랑
⑤ 십자 회랑
⑥ 2층 회랑
⑦ 중앙 성소

앙코르와트 다리
Sandstone Causeway

- 다리의 폭은 15m, 길이는 약 190m다.
- 다리의 재료는 라테라이트와 사암이다.
- 해자의 크기는 1,500m×1,300m다.

앙코르와트 유적으로 들어가려면 다리를 건너야 한다. 다리 앞에 서면 저 멀리 앙코르와트의 입구가 보인다. 다리로 건너는 곳은 강이나 개울이 아니라 인공으로 만든 호수이자 해자다. 우리가 죽음의 세계로 들어갈 때 강을 건넌다고 표현하는 것처럼, 앙코르와트 내부는 신의 세계를 뜻하므로 **해자는 인간의 세계와 신의 세계를 분리하는 역할**을 한다. 다리 곳곳에 사자의 조각상이 있는데 꼬리가 잘려 있는 것을 볼 수 있다. 이곳을 점령한 적들이 힘을 가졌다고 믿는 조각상을 훼손해서 그 의미를 지우려고 했던 것으로 볼 수 있다..

CHECK 현재 원래의 다리는 보수 공사 중으로, 유적으로 가려면 임시 다리를 이용해야 한다.

Tip

앙코르와트를 바라보며 사색에 잠겨보자

앙코르와트는 다리를 건너기 전에 보는 모습이 가장 멋지다고 하는 사람들도 많다. 사원 내부는 한 번 보면 충분하다는 생각이 들 수 있어도 여기서 바라보는 모습은 결코 질리지 않는다. 마치 인간세계에 서서 저 멀리 신의 세계를 바라보는 기분이 든다. 시간대에 따라서, 태양의 방향과 구름의 모습에 따라서 느낌도 달라진다. 주변 유적들을 보러 올 때 한 번 더 둘러보는 것을 추천한다. 다리 앞쪽 나무 그늘과 가까운 벤치에 앉으면 차분하게 풍경을 감상할 수 있다.

Talk

사원인가, 왕궁인가, 묘지인가?

앙코르와트는 오랫동안 사람들의 발길이 닿지 않는 불모지로 남겨져 있었고, 구체적인 기록도 없기 때문에 정확하게 어떤 목적으로 만들어졌는지 알 수 없다. 19세기 초 앙코르를 방문한 서양 학자들은 인드라 신이 등장하는 전설에 의거해서 이곳을 궁전이라 주장하기도 했다. 수리야바르만 2세를 모시는 무덤이라는 주장도 있는데, 1층 회랑의 부조가 힌두 장례 의식의 방향인 시계 반대 방향으로 되어 있다는 점, 다른 앙코르의 사원과는 달리 서쪽에 정문을 두고, 앙코르 지역에서 죽음의 지역에 대항하는 북동쪽에 있는 점을 근거로 들고 있다. 다만, 건설 당시 **수리야바르만 2세가 자신을 비슈누 신의 현신으로 받들어지고자 하는 의도**로 만들었다는 점에서는 이견이 없다.

비슈누 신을 모시는 사원으로 지은 앙코르와트. 지금은 관광지가 되었지만 현지인들이 불상에 기도를 드리고 소원을 비는 모습을 볼 수 있다.

181

앙코르와트 입구

다리를 건너면 사원 안으로 들어가는 5개의 문과 마주하게 된다. **가장 가운데의 문이 왕의 문, 그 옆에 있는 2개의 문이 신하의 문, 그리고 가장자리에 있는 2개의 문은 코끼리가 끄는 마차가 지나가던 코끼리의 문**이다. 왕의 문 양옆에는 가장 화려한 모습의 나가 조각상이 남아 있다. 넓게 퍼진 7개의 머리가 압도적으로 다가와서 마치 사원 전체를 보호하고 있는 느낌이 든다. 나가는 천지 창조의 순간 신들이 잡아당기는 로프 역할을 하기도 해서, 다리의 난간 형태로도 자주 사용되었다. 중앙에서 우측 신하의 문 안으로 들어가면 불상이 모셔져 있는데, 원래 비슈누 상이던 것을 캄보디아가 불교 국가가 되면서 부처님으로 모시는 것이다. 기둥과 벽면 아랫부분에 아름다운 압사라 부조들이 입장객을 맞이한다.

1 옆에서 바라본 입구의 모습 2 입구 내부 3 입구의 압사라 부조들

왕의 문과 7개 머리를 가진 나가 조각상

앙코르와트를
한적하게 보는 방법

앙코르와트는 항상 많은 사람들도 붐비며, 특히 인원 제한이 있는 중앙성소로 들어가기 위해서는 30~45분 이상 줄을 서야할 수도 있다. 조금 한가하게 관람할 수 있는 방법은 2가지. 아침 일출을 보고 곧바로 사원을 감상하기 시작하거나, 대부분의 사람들이 점심을 먹는 11시 30분에서 오후 2시 사이에 사원을 구경하는 방법이 있다.

관광객들로 붐비는 참배로

참배로와 도서관
Library

1 참배로 옆의 도서관. 앙코르
와트 안에는 총 6개의 도서관이
있다.
2 도서관 앞 연못에 비치는 앙
코르와트의 반영을 멋지게 사
진에 담아보자.

참배로는 입구에서 앙코르와트의 1층 회랑 앞, 명예의 테라스까지 연결된 길이다. 땅
위를 가로지르는 다리 형태로 만들어져 있으며 380m 정도 된다. 본격적인 사원 안으
로 들어가려면 한참을 더 걸어가야 한다. 참배로 양쪽에는 대칭으로 위치한 2개의 건
물이 있다. 흔히 도서관으로 알려져 있으며 경전을 비롯해서 제사용 물품이나 귀중
품을 보관하던 곳이다. 유적 정면을 바라보는 도서관 앞에는 각각 작은 연못이 있는
데, 일출 시간에 이곳에 비치는 앙코르와트의 모습이 매우 아름답다.

1층 회랑

앙코르와트의 1층 회랑은 별도의 박물관이라고 생각하는 편이 좋다. 일단 규모가 매우 크고, 복잡한 내용을 가진 부조가 회랑을 가득 채우고 있기 때문이다. 가이드로부터 부조 하나하나 설명을 들으면서 보려면 1시간 정도 시간이 필요하다. 반면 따로 설명을 듣지 않으면 빼곡하게 채워진 사람이나 동물 형태만 보일 뿐, 그 내용을 짐작조차 하기 힘들다. 부조는 입체감이 뛰어나지 않으며, 색상이 어두워서 잘 보이지 않는 곳도 많다. 그렇기 때문에 다른 유적들의 부조보다 위치와 내용에 대해서 약간의 공부가 필요하다.

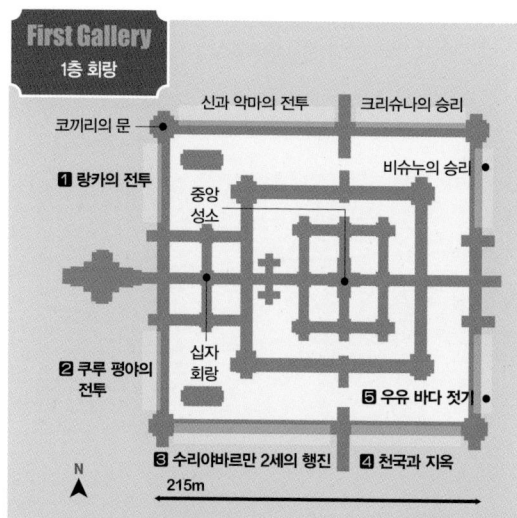

회랑 부조의 관람 순서

회랑 부조의 이야기는 정면 입구의 왼쪽 회랑부터 시작되고, 전체 회랑을 시계 반대 방향으로 돌아가면서 이어진다. 모든 부조를 감상하고 싶다면 왼쪽 코끼리의 문으로 들어간다.

1층 회랑. 랑카의 전투 부조가 시작되는 코끼리의 문

1층 회랑의 부조

1 랑카의 전투

참배로에서 앙코르와트를 바라보았을 때 가장 왼쪽에 위치한 코끼리의 문에서 중앙까지 이어지는 회랑에 해당한다. **힌두교 신화 라마야나의 주인공인 라마와 원숭이들이 랑카섬에서 악마의 왕 라바나 무리와 싸우는 장면**을 박진감 넘치게 묘사하고 있다. 문 안쪽 벽에도 라마야나 신화를 담은 부조들이 빼곡하게 조각되어 있다.

I. 활을 쏘는 라마
라마가 양손에 활과 화살을 들고 원숭이의 왕인 하누만의 어깨 위에 올라타고 있다.

II. 악마의 왕, 라바나
악마의 왕인 라바나는 신인 아버지와 아수라 어머니 사이에서 태어난 반신적인 존재로 10개의 머리 20개의 팔을 가지고 있다. 활을 쏘면 계속 새로운 머리가 생겨나서 결국 천상의 무기를 써서 죽여야 했다.

III. 원숭이들의 축제
코끼리의 문 안쪽 기둥에 새겨진 부조로, 라마가 악마 라바나를 무찌르고 원숭이들이 신나게 춤추는 모습이 그려져 있다.

2 쿠루 평야의 전투

대서사시 '마하바라타'에 나오는 판다바 5형제와 카우라바 형제간의 전투를 그리고 있다. 전차군단, 코끼리 부대, 보병의 전투장면이 생동감 있게 묘사되어 있다. 카우라바 100형제가 왼쪽에서 오른쪽으로, 판다바 5형제는 반대편을 향해 움직이고 있다. 결국 카우라바 형제 99명이 죽고 판다바 형제의 승리로 끝난다.

Ⅰ. 비슈마의 죽음

카우라바 형제의 총사령관이자, 판다바, 카우라바 형제의 큰 증조할아버지 비슈마의 죽음을 묘사하고 있다. 친족을 죽인 판다바 5형제가 슬퍼하고 있다.

Ⅱ. 아르주나와 크리슈나

판다바 형제의 셋째인 아르주나가 중앙에서 활을 쏘고 있다. 아르주나 앞에서 막대를 들고 전차를 이끄는 인물은 비슈누의 8번째 화신인 크리슈나이다.

3 수리야바르만 2세의 행진

수리야바르만 왕이 19명의 대신들과 함께 전쟁을 치르기 위해 행진하는 모습을 그리고 있다. 부조는 왕이 시바파다 산에서 대신들로부터 충성서약을 받는 장면과, 역사적인 행진을 하는 2개의 장면을 묘사하고 있다.

Ⅰ. 충성서약

신성한 시바파다 산에서 신하들에게 충성의 서약을 받는 장면이다. 왕은 비슈누와 같은 복장을 하고 14개의 파라솔 아래에 있다.

Ⅱ. 왕의 행진

코끼리 위에 서 있는 수리야바르만 왕이 장군 군사들과 함께 행진하고 있다. 파라솔이 15개로 늘어난 것은 왕의 권력이 강화되었음을 의미한다.

4 천국과 지옥

총 50m가량의 부조로 **37개의 천국과 32개의 지옥 장면**을 묘사하고 있다. 인간이 죽은 뒤 심판을 받는 장면, 천국에서 인간들이 즐겁게 지내는 모습, 지옥에서 고통 받는 모습 등을 상세히 묘사하고 있어서 다른 설명 없이도 내용을 비교적 쉽게 이해할 수 있다.

Ⅰ. 천국과 지옥 사이

부조는 상중하 세 부분으로 나누어져 있는데, 가장 위쪽은 극락세계를, 중간은 심판의 신 야마의 재판을 기다리는 모습을, 가장 아래는 지옥으로 구성되어 있다.

Ⅱ. 물소를 타고 있는 신, 야마

야마는 힌두교 지하세계의 군주로 심판의 신이며, 불교의 염라대왕에 해당한다. 18개의 팔은 신의 권능을 나타내며, 역시 힌두교의 영향으로 물소를 타고 있다.

Ⅲ. 지옥의 사람들

저승사자에게 끌려가는 사람들과 사자의 밥이 되고 혀가 뽑히며 몸에 못이 박히는 사람들 모습을 아주 상세하게 그리고 있다. 8개의 뜨거운 형벌, 8개의 차가운 형벌, 8개의 짓이기는 형벌, 8개의 베고 자르는 형벌을 합쳐서 총 32개의 지옥이 있다.

5 우유 바다 젓기

1층 회랑의 동쪽 면에는 힌두교 천지창조의 신화인 우유 바다 젓기를 묘사한 부조가 있다. 약 49m의 부조는 1층 회랑 부조의 하이라이트라고 할 수 있으며, **불로장생의 영약 '암리타'를 만들기 위해 양쪽으로 나뉘어 우유 바다를 젓는 신과 아수라들의 모습**을 그리고 있다.

Ⅰ. 아수라의 왕 발리와 아수라들

왼쪽 끝에서 아수라의 왕인 발리가 91명의 아수라와 함께 위대한 용 바수키의 머리를 잡아당기고 있다. 발리는 덩치가 크고 머리와 팔이 많으며, 아수라들 역시 신들에 비해 강인하게 묘사되어 있다.

Ⅱ. 비슈누와 쿠르마

양측의 정 중앙에는 비슈누 신이 휘젓기를 관장하고 있다. 메루 산 동쪽의 만다라 산을 회전축으로 삼고 있으며, 그 아래에는 역시 비슈누의 화신인 거북이 쿠르마가 회전축을 떠받치고 있다.

Ⅲ. 원숭이의 왕, 수그리바와 신들

바수키의 꼬리 부분을 88명의 신이 잡아당기고 있으며, 그 끝에서 원숭이의 왕 수그리바가 신들을 독려하고 있다. 아수라들의 몸이 뒤로 당겨져 있는 반면, 신들은 조금씩 힘이 달리는 지 앞쪽으로 기울어져 있다.

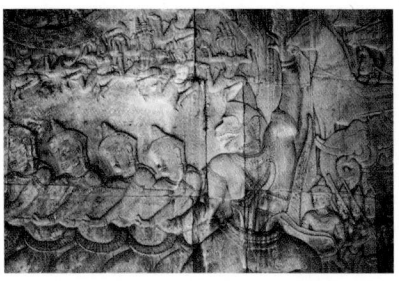

Ⅳ. 춤추는 압사라

우유 바다를 천 년 동안 휘저은 후에 거품 속에서 탄생한 6억 명의 아름다운 압사라가 그려져 있다. 압사라는 '물 위에서 태어났다'라는 뜻이다.

십자 회랑

1층 회랑의 부조를 모두 돌아본 후, 가운데에 있는 왕의 문으로 들어가면 수십 개의 기둥이 서 있는 십자 회랑이 나온다. 이곳부터 본격적인 신의 세계로 들어가게 된다. 원래 황금으로 칠한 기둥이 십자형으로 배치되어 있어서 십자 회랑으로 부르는데, 현재는 기둥만 남아 있다. 십자 회랑의 동서남북에는 목욕장으로 추정되는 4개의 인공 연못이 있다. 얕은 계단으로 내려가는 넓은 터 위에 천장이 없기 때문에 쉽게 알아볼 수 있다. 중앙 성소에도 이와 비슷한 형태의 인공 연못이 있다. 십자 회랑의 양 옆에는 도서관이 배치되어 있다. 높은 기단 때문에 참배로의 도서관보다 높게 설계되었지만 크기는 더 작다.

CHECK 십자 회랑의 북쪽 끝에는 울림방 The Hall of Echoes이 있다. 방안에 들어가서 주먹으로 가슴을 치면 석실 벽까지 함께 쿵쿵 울리는 소리를 들을 수 있다.

1 십자 회랑 옆의 도서관
2 십자 회랑의 인공 연못. 성스러운 연못이자 만다라를 감싸는 네 개의 대양을 뜻하는데, 비가 많이 오면 물이 차 있는 모습을 볼 수 있다.
3 십자 회랑의 남쪽. 천장 아래에는 나가 위에서 쉬고 있는 비슈누가 새겨져 있다.

2층 회랑
Second Gallery

십자 회랑을 통과하면 또 하나의 직사각형 형태의 회랑으로 들어선다. 75m×75m의 2층 회랑은 1층 회랑보다 한 단계 높게 만들어져 있어 계단으로 올라가야 한다. 이 회랑은 중앙 성소를 보호하는 마지막 벽과 같은 역할을 한다. 바깥쪽에서 보면 원형의 창살이 있지만, 내부는 단순한 사각형 틀로만 되어 있다. 회랑 내부는 1층 회랑과 비교해 창이 많지 않아 어두우며, 장식 역시 정교하지 않다. 반면, **중앙 성소 쪽으로 향한 벽면에는 매우 화려한 압사라 부조들**을 볼 수 있는데, 모두 1,500여 점이 넘는다.

1 2층 회랑으로 올라가는 길
2 다양한 표정의 압사라를 볼 수 있는 2층 회랑의 외벽. 가장 신성한 중앙 성소를 둘러싸고 있는 모습이다.
3 2층 회랑의 안쪽 바닥에는 배수로가 만들어져 있는 것을 볼 수 있다.

중앙 성소

Central Shrine

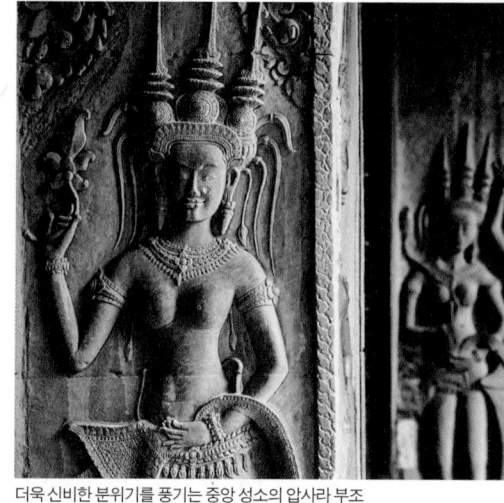

2층 회랑을 지나 안쪽 마당에 들어가면 가운데 중앙 성소가 있다. **우주의 중심인 메루 산이자 신들이 살고 있는 가장 신성한 공간**을 상징하는 곳으로, 왕과 승려들만이 이곳에 오를 수 있었다. 높게 쌓아 올린 피라미드형 계단 위로 5개의 탑이 우뚝 서 있어서, 바라보는 것만으로 앙코르와트의 성스러움을 느낄 수 있다. 경사가 약 50도에서 70도에 이르는 매우 가파르고 좁은 계단으로만 들어갈 수 있는데, 오르내리려면 손과 발을 모두 이용해야 할 정도다. 성소에 올라서면 앙코르와트 회랑 너머로 빼곡한 열대 정글이 한눈에 보인다.

하늘에서 바라보면 60x60m의 사각형 구석마다 탑이 하나씩 있고, 사각형의 중앙에 신전을 만들고 다시 가운데에 메루산을 상징하는 가장 높은 탑을 세워 놓았다. 중앙탑은 크게 4부분으로 나눌 수 있는데, 가장 바닥의 기단, 두 번째가 기둥, 다음 회랑과 연결된 지붕 장식 부분, 그 위로 연꽃 봉우리처럼 생긴 탑의 봉우리 부분이다. 탑 아래쪽에는 십자 회랑과 마찬가지로 4개의 인공 연못이 만들어져 있다. 회랑에서 기둥으로 이어져 지붕에 이르는 부분을 역시 섬세한 조각들로 장식했는데, 특히 화려한 불꽃 모양이 많은 것이 특징이다. 현재 신전 가운데의 불상은 후대에 놓인 것으로 원래는 비슈누 상을 모시고 있던 것으로 추정된다.

더욱 신비한 분위기를 풍기는 중앙 성소의 압사라 부조

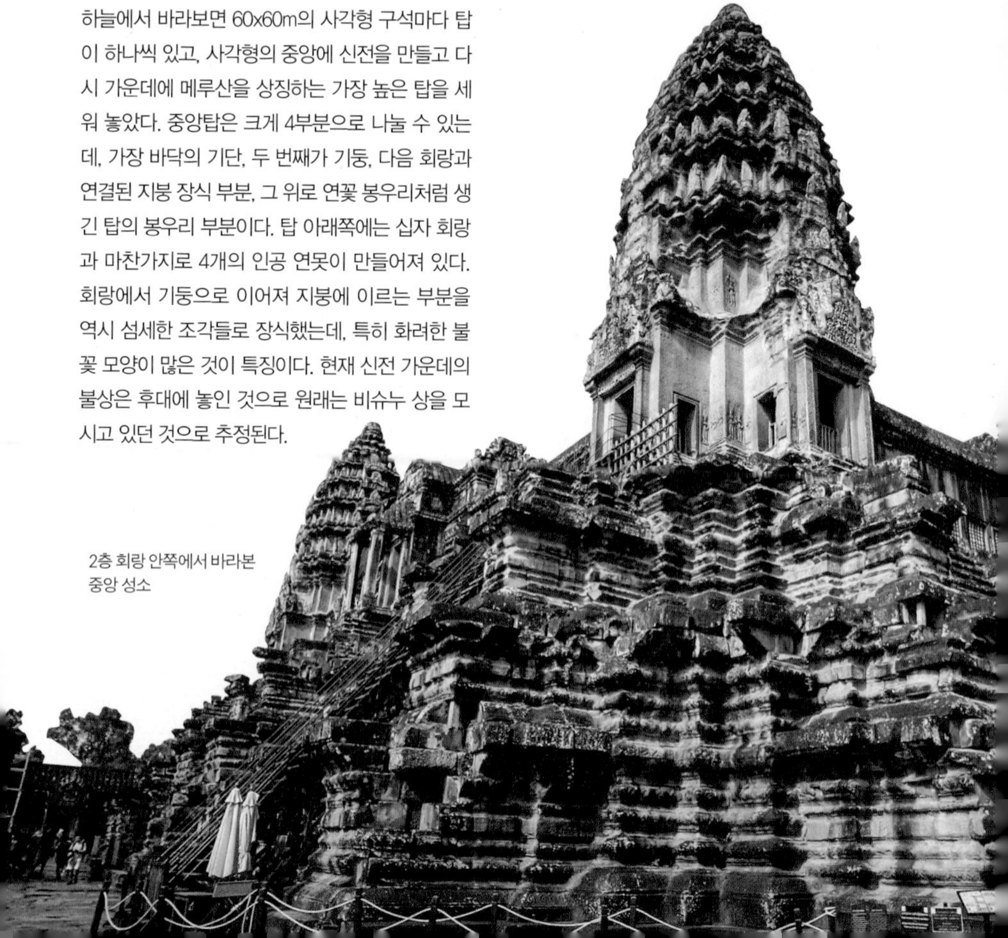

2층 회랑 안쪽에서 바라본
중앙 성소

1 중앙 성소의 탑. 상단부는 연꽃의 봉오리나 불꽃 모양을 연상시킨다. 기단 아래쪽은 4개의 인공 연못과 연결되어 있다.
2 중앙 성소의 불상, 현재 중앙 성소에는 비슈누 상이 남아 있지 않다.
3 중앙 성소에서 창밖을 바라보면 마치 신의 세계에서 인간 세계를 내려다보는 기분이 든다.

Tip

3층 중앙 성소로 올라가는 줄

3층 중앙 성소로 오르는 계단은 동서남북 1면당 3개씩 총 12개가 있다. 그 중 관광객용으로는 1개의 계단만 사용한다. 또한, 한 번에 100명씩 입장 인원을 제한하고 있기 때문에 들어간 인원이 나올 때까지 계단 아래에서 줄을 서야 한다. 목걸이 입장권을 받아서 입장 한 후에 성소에서 나올 때 반납한다.

중앙 성소로 올라가는 관광객용 나무 계단

앙코르와트 일출

앙코르와트의 거대한 규모, 수많은 조각상, 건축기술과 구조를 보면 감탄할 부분이 많다. 그래도 간혹 여행자의 취향에 따라서 앙코르와트가 생각보다 감흥이 덜하다고 하는 사람들도 있다. 하지만, 앙코르와트의 일출에 감동하지 않는 사람은 거의 없다. 정글의 나무 위로 떠오르는 태양과 그 오묘한 빛깔만으로 충분히 아름답다. 태양이 떠오르는 순간, 그 아래 천년을 바라보는 고대 유적이 드러난다. 영겁의 세월, 시간의 흐름을 뛰어넘어 나도 이곳에서 똑같은 장면을 바라보고 있다는 것을 느낄 때 더욱 큰 감동으로 다가온다.

❶ 출발

새벽 일찍, 아직 하늘이 어두운 시간부터 움직여야 해서 조금 피곤하다. 일어날 때는 피곤해도 뚝뚝을 타고 달리다 보면 시원한 새벽공기에 곧 기분이 상쾌해진다. 일출을 보려고 똑같은 동선으로 움직이는 여행자들이 보이기 시작한다.

CHECK 전날 뚝뚝 기사와 미리 시간과 금액을 정하고 예약을 해둔다. 유적은 아침 5시에 문을 열며 일출 시간보다 최소 30분 이상 일찍 도착해 있어야 좋은 자리를 잡을 수 있다.

유적으로 들어가는 다리 입구에서 티켓을 검사한다.

앙코르와트 일출 시간(2019)

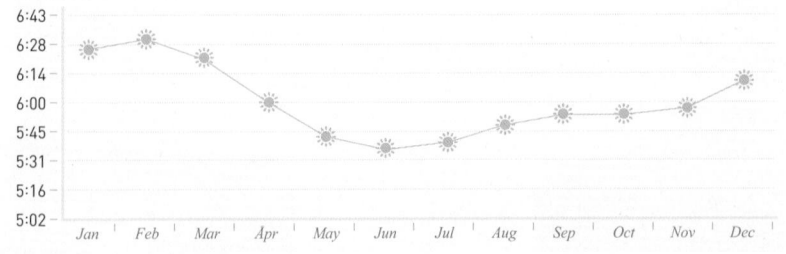

❷ 자리 잡기

참배로에서 앙코르와트를 바라보았을 때 좌우 공터 중 어디서 일출을 볼 것인가 선택해야 한다. 왼쪽 연못 앞 공터가 보통 사진이 잘 나오기 때문에 사람들이 먼저 자리 잡기 시작한다. 호젓하게 감상하고 싶은 사람은 오른쪽 공터나 도서관의 계단 위에서 보면 된다.

연못 앞에서 일출을 구경하는 사람들

❸ 일출 감상하기

날이 점점 밝아지면서 사람들이 술렁이기 시작한다. 1년 내내 사람이 매우 많아서 때로는 시끌벅적한 시장처럼 느껴지기도 한다. 이 멋진 장면을 혼자만 본다면 더욱 감동적이겠지만 여기서 그런 감정은 사치다. 모두가 멋진 사진을 남기려고 하니 거기에 동참하는 게 마음 편하다.

❹ 일출 후의 일정

일출을 다 본 다음에 두 가지 일정 중에서 선택할 수 있다. 하나는 다시 숙소로 돌아가서 아침을 먹고 하루 일정을 시작하는 것이고, 다른 하나는 곧바로 앙코르와트 유적을 관람하는 것이다. 앙코르와트를 조금이라도 호젓한 기분으로 보고 싶다면 곧바로 유적으로 들어가는 것을 추천한다.

Tip

멋진 일출 사진 찍기

건물과 연못 위의 반영이 아름답게 반사된 사진을 찍으려면, 카메라를 연못의 수면 가까이에 두고 사진을 찍으면 된다.

타 프롬

Ta Prohm

 타 프롬은 다른 어느 곳보다도 사람이 적을 때 봐야 감흥이 커지는 곳이다. 영화 속 주인공이 된 기분을 조금이라도 느껴보고 싶다면 가능한 한 이른 아침에 방문할 것.

● 자야바르만 7세 Jayavarman VII(재위 1181~1218)가 1186년 건축
● 자야 바르만 7세가 자기 어머니에게 봉헌한 불교 사원

영화 속의 한 장면으로 유명해진 관광지는 세상에 많다. 하지만 **2001년 영화 〈툼 레이더〉에서 주인공 라라 크로프트의 탐험지**로 나왔던 타 프롬처럼 전 세계인에게 죽기 전에 꼭 가봐야 할 곳으로 각인시키는 곳은 많지 않다. 거대한 나무줄기가 유적의 돌 틈을 파고들어 이제는 완전히 하나가 된 듯한 모습은 평범한 여행자들도 마치 탐험가가 된 듯 심장을 뛰게 만드는 힘이 있다. 현재 방문객을 위한 통행로와 유적 붕괴를 막기 위한 최소한의 지지대를 제외하고는 따로 복원하지 않은 그대로의 상태를 유지하고 있다. 한때는 인간이 주인이었으나 이제는 자연과 나무, 그리고 시간이 이 유적의 실질적인 주인이라고 볼 수 있다.

타 프롬은 앙코르 유적 중에서 규모가 큰 구조물 중의 하나로, 지금은 숲이지만, 과거에는 사원 내부가 하나의 거대한 도시의 모습을 갖추고 있었다. 외벽의 크기는 1,000m×600m에 달하며, 내부에 566개의 주거지와 39개의 탑이 있는데 1층으로 된 낮고 긴 건물들이 연속해서 들어서 있다. 사원에 있는 산스크리트 비문에 따르면 이곳에 18명의 대사제와 2,740명의 승려, 615명의 무용수를 포함해서 만 명 이상의 주민이 살았다고 한다. 왕의 위대함을 찬양하기 위해 만든 다소 과장된 숫자로 볼 수 있지만, 그만큼 타 프롬은 인상적인 기념물이다.

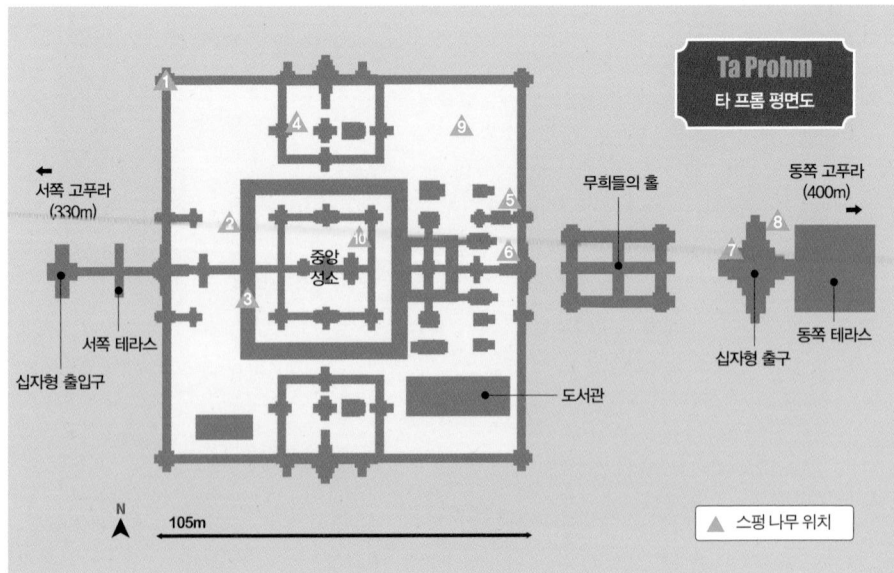

① 서쪽 고푸라

타 프롬으로 들어가는 입구는 서쪽과 동쪽에 2개가 있으며, 사원을 가로질러 반대편 입구로 나갈 수 있다. 서쪽 입구에는 고푸라가 제 형태를 갖추고 남아 있어서 여행자들이 더 많이 이용한다. 바욘 사원처럼 자야바르만 7세의 얼굴을 상징하는 관세음보살의 얼굴이 4면을 바라보고 있다.

Tip

서쪽 입구 앞 주차장에는 가게들이 있어서 물과 음료를 구입할 수 있다.

위치 씨엠립 시내에서 차량 또는 툭툭으로 약 25분 오픈 07:30~17:30

고푸라에는 관세음보살의 온화한 미소가 남아 있다.

② 숲길

서쪽 입구에서 사원의 또 다른 외벽까지 약
400m 정도 숲길이 이어진다. 울창하게 하
늘로 뻗은 나무 아래로 고즈넉한 흙길을 걷
다 보면 곧 만나게 될 유적에 대한 기대감
이 높아진다. 동쪽 입구 쪽에도 비슷한 형
태의 흙길이 있다.

③ 서쪽 테라스

혼자 고고하게 뻗어 있는 나무 뒤편의 십자형 출입구로 들어가면 본격적인
사원 탐험이 시작된다. 잘 정비된 진입로는 기다란 나가 형태의 난간을 갖
추고 있다. 사원으로 들어가는 문은 3개가 있는데 모두 부처와 압사라 부조
로 화려하게 장식했다. 문으로 들어가면 사원의 안마당에 들어간다. 바깥쪽
벽을 따라서 둘러봐도 되는데, 허물어진 회랑의 잔해들을 볼 수 있다.

1 문 상단의 부처 부조는 이곳이 불교 사원
임을 알려준다.
2 타 프롬을 돌아다니다 보면 마치 돌무더
기 뒤에 숨은 압사라와 숨바꼭질하는 기분
이 든다.

④ 중앙 성소

내벽 안쪽의 중앙 성소는 높은 기단이
아닌 평면 위에 세워졌으며, 다수의 탑
과 회랑으로 둘러싸여 있다. 내부의 벽
에는 조각을 붙였을 것으로 추정되는
구멍이 잔뜩 뚫려 있다. 중앙 성소 주변
전체가 유적을 타고 자란 나무 때문에
무너져 내린 부분이 많고 길이 복잡해
서 미로를 연상시킨다. 관광객들이 다
닐 수 있도록 만든 나무 데크 길을 따라
가면서 감상하면 된다.

⑤ 동쪽 테라스와 동쪽 고푸라

서쪽 테라스와 마찬가지로 동쪽 테라스
도 3개의 입구가 있는 회랑형 고푸라 형
태를 취하고 있다. 사자상과 난도도 있
지만 서문 테라스보다 훼손이 심한 편
이다. 테라스 문 옆에는 거대한 스펑 나
무가 서 있으며, 문 주위 벽면의 부조가
화려해서 볼만하다. 여기서 다시 숲길
을 걸으면 무너진 고푸라가 있는 동쪽
입구가 나온다.

동쪽 테라스 입구 옆의 스펑 나무. 나무뿌리 아래 사람이 들어갈 정도의 구멍이 포토
스폿

고푸라가 사라진 동쪽 입구

⑥ 유적의 주인이 된 나무들

타 프롬 유적의 하이라이트는 단연코 유적을 휘감고 있는 나무들이다. 돌 틈새에서 뿌리내린 씨앗들이 점점 자라면서 돌의 간격을 벌려 놓고 있는데, 인간의 손가락 마디, 머리카락, 구렁이 등 나무 종류에 따라서나 보는 각도에 따라서 다양한 모습을 연상시킨다. 신의 조각 작품을 닮은 타 프롬의 나무들을 살펴본다.

Ⅰ. 스펑 나무 Spung Tree

학명 Tetrameles nudiflora

1 2 3 4 5 6 7 8

앙코르 유적을 가장 심각하게 파괴하고 있는 나무다. 지붕 위로 잎이 뻗어 있고, 굵은 뱀과 같은 뿌리 부분이 유적 아래쪽으로 타고 내린다. 재질은 무르지만 **자라는 속도가 무척 빠르고, 우기에 수분을 머금는 동안 부피가 커져서 유적 파괴의 주범**이 되고 있다. 보통 가이드들은 유적의 나무들을 통틀어서 스펑 나무로 부르는 경향이 있다.

1 타프롬에서 가장 유명한 스펑 나무 ⚠ **2,3** 근육으로 마치 유적을 움켜쥐는 듯 자라난 스펑 나무

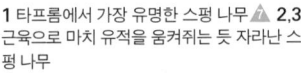

Ⅱ. 반얀 나무 Banyan Tree

학명 Ficus benghalensis

뽕나무과 무화과 나무속의 식물로 반얀 나무 혹은 벵골보리수라고 부른다. 뿌리와 줄기 부분이 마치 여러 개의 나무가 서로 얽혀 있는 것처럼 보인다. 굵은 나무 옆에서 자란 반얀 나무는 그 나무에 기대어 자라면서, 감고 올라가다가 결국 원래 나무를 말려 죽이는데, '목졸라 죽이는 무화과'라는 뜻으로 스트랭글러 피그 Strangler Fig라고도 한다.

머리카락처럼 유적을 덮고 있는 반얀 나무

Ⅲ. 케이폭 나무 Kapok Tree

학명 Ceiba pentandra

뿌리 부분이 마치 넓은 날개 모양으로 튀어나와 있는 케이폭 나무는, 열매 속에 푹신한 솜털이 들어 있어서 일명 명주 나무 Silk Cotton tree라고도 한다. 이 솜털을 이불, 베게, 쿠션 등의 속으로 이용하며, 종자에서 짠 기름은 식용유, 비누를 만드는 데 쓴다. 중앙 성소 옆의 공터에서 볼 수 있다.

불붙인 흔적이 있는 이앵 나무

Ⅳ. 이앵 나무 Chheu Teal Tree

학명 Dipterocarpus alatus

동남아시아에서 목재로 흔히 사용하는 나무로 사원으로 가는 숲길과 사원 외부를 감싸고 있는 숲에서 볼 수 있다. 일명 기름 나무라고도 부르며 껍질을 벗겨 놓으면 나무의 진이 흘러나오는데, 휘발성이 있어서 불이 잘 붙는다. 캄보디아 농촌에서 이 수액으로 호롱불을 밝히고 생활했기 때문에 팜나무, 뽕나무와 함께 캄보디아 3대 나무로 여겨진다.

반티에이 크데이

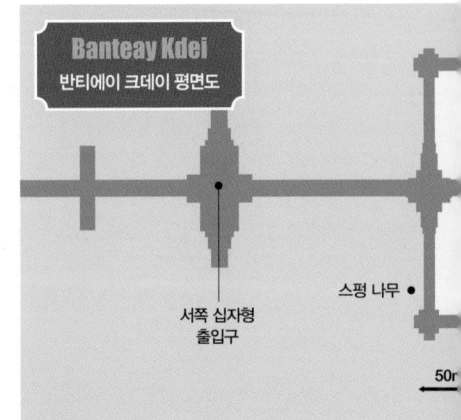

● 자야바르만 7세 Jayavarman VII (재위 1181~1218)가 건축

반티에이 크데이는 여러모로 타 프롬과 비슷하다. 기단 없이 곧바로 지면 위에 세워진 불교 사원인데, 많은 부분이 부드러운 사암으로 지어져 시간을 견디지 못하고 회랑과 벽들이 쓰러져 있다. 현재 스펑 나무가 침식한 유적을 최소한으로만 복원하여 원래 유적 분위기를 그대로 간직하고 있다. 다만, 타 프롬이 앙코르 톰, 앙코르와트에 이어 사람들이 가장 많이 방문하는 유적이라면, 반티에이 크데이는 바쁜 여행자들은 그냥 지나치는 곳이라 훨씬 한적하게 유적을 감상할 수 있다.

서쪽 십자형
출입구

스펑 나무 ●

50m

Tip

유적은 타 프롬과 스라 스랑 사이에 있다. 빅 투어의 동선에 있지만 일부 투어 회사나 툭툭 기사는 시간상의 이유로 반티에이 크데이를 생략하는 경우도 많다. 만약 꼭 보고 싶다면 사전에 확인해야 한다.

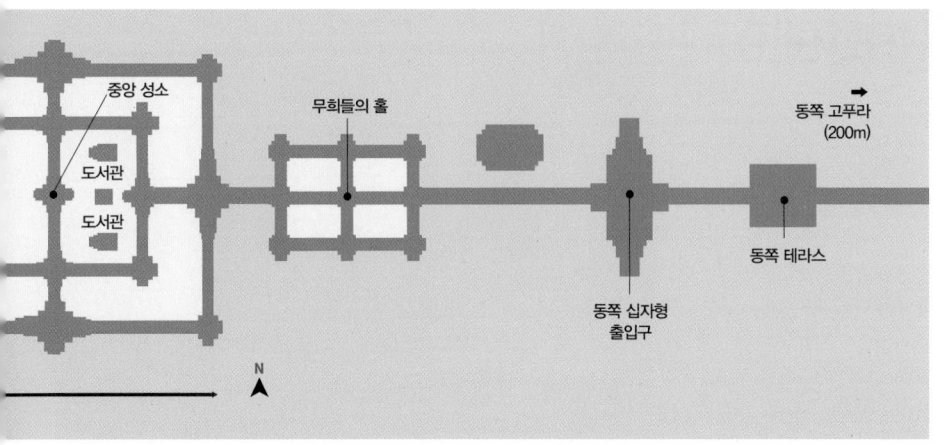

중앙 성소

무희들의 홀

동쪽 고푸라
(200m)

도서관

도서관

동쪽 테라스

동쪽 십자형
출입구

N

사원은 바욘 사원, 타 프롬, 프레아 칸과 유사한 건축양식으로 지었는데, 다른 사원보다는 크기가 작은 편이다. 최초에 중앙 성소와 주변 회랑을 만들었고, 도서관과 외벽, 4개의 입구 탑은 바욘 시대 이후에 추가되었다. 처음에는 불교 사원으로 만들어졌으나, 후에 힌두교 사원이 되면서 불교적인 색채가 많이 제거된 것을 볼 수 있다.

[위치] 씨엠립 시내에서 차량 또는 툭툭으로 약 20분 [오픈] 07:30~17:30

① 동쪽 고푸라

스라 스랑 건너편으로 사원의 동쪽 고푸라가 보인다. 크기는 다른 사원에 비해 작은 편이지만, 고푸라에는 자야바르만 7세의 얼굴을 상징하는 사면관음상이 있다.

② 동쪽 테라스

동쪽 고푸라를 통과한 후 약 200m 걸어가면 사자상과 나가 난간이 지키고 있는 동쪽 테라스가 나온다. 넓고 평평한 테라스 위는 무대를 연상시키는데, 마치 금방 공연이나 연회가 벌어질 것 같은 분위기다.

③ 무희들의 홀

테라스 뒤의 십자형 출입구를 지나 계속 직진하면 작은 직사각형 건축물로 들어간다. **건물의 기둥과 벽마다 춤을 추는 무용수들이 새겨져 있기 때문**에 '무희들의 홀'이라고 부른다. 한발을 들고 손동작을 만들며 춤을 추는 모습이 생동감 넘친다.

무희들의 홀에서는 기둥 아래의 부조들을 잘 살펴볼 것

④ 중앙 성소

무희들의 홀을 빠져 나오면 문 위에 고푸라가 있는
중앙 성소의 외벽에 다다른다. 중앙 성소는 붉은 라
테라이트를 사용한 2개의 벽으로 둘러싸여 있는데,
십자가 형태의 통로에서 정 가운데 부분이 중앙 성
소다. 불교 부조를 비롯한 많은 부분들이 지워져 있
으며, 유적 훼손 정도도 심해서 미로를 돌아다니는
듯한 기분이 든다.

⑤ 거대한 나무들

서쪽 테라스 부근에서는 타 프롬에 있는 것과 같은 거대한 스펑 나무들이 자라고 있는 것을 볼 수 있다. 다만, 타 프
롬과 달리 유적 틈새에 파고드는 형태가 아니라 무너진 유적 위에서 곧장 솟아오른 모습을 하고 있다.

스라 스랑
Srah Sraeng

- 라젠드라바르만 2세 Rajendravarman II (재위 944~968) 시절 건축
- 당대 최고 건축가 카빈드라 리마타야가 설계 축조
- 자야바르만 7세 (재위 1181~1218) 때 재건

위치 씨엠립 시내에서 차량 또는 툭툭으로 약 20분 오픈 05:00~17:30

일반적으로 앙코르 유적을 본다는 것은 정글을 헤치며 돌무더기 속을 돌아다니는 것이다. 하지만, 스라 스랑에 오면 탁 트인 지평선을 앞에 두고 눈이 시원해지는 풍경과 마주하게 된다. 스라 스랑은 **왕실 목욕탕으로 추정되는 거대한 연못**인데, 크메르어로 '스라'는 물, '스랑'은 정결하다는 뜻을 가지고 있다. 이름처럼 다른 웅덩이에 비해서 물이 깨끗한 편이며 건기에도 물이 마르지 않는 것이 특징이다. 다른 유적에 비하면 방문하는 사람이 적고 현지인들이 대부분이라 매우 조용하다. 여행객들은 다른 유적을 보러 가다가 잠시 들르게 되는데, 원한다면 나무 그늘에 앉아서 물웅덩이에 비친 하늘을 바라보며 망중한을 보낼 수도 있다. 연못을 향한 테라스에는 마치 연못 저 너머를 바라보는 모습으로 사자상들이 우뚝 서 있다. 테라스의 난간 부분도 역시 나가 형태로 장식해 두었다.

연못을 바라보며 시간을 보내는 현지인들이 많다.

테라스에 서 있는 사자상

Talk

목욕을 즐긴 크메르인들

중국 원나라 사신이었던 주달관의 기록물인
〈진랍풍토기〉에는 더위 때문에 크메르인들이
하루에도 수차례 목욕을 즐겼다고 쓰여 있다.
집의 개인 연못이나 마을의 공동 연못에서는
가벼운 목욕을 했고, 3~6일마다 성 밖의 씨엠
립 강에 나가서 제대로 목욕을 즐겼다. 이때 남
녀 구분 없이 함께했으며, 고위를 막론하고 여
성들은 옷을 벗고 목욕을 해서 중국인들이 구
경 가는 것을 즐긴다고 써 놓았다.

프레 룹
Pre Rup

- 라젠드라바르만 2세 Rajendravarman Ⅱ
  (재위 944~968)가 건축

프레 룹은 시바 신에게 바치는 사원으로 만든 곳이다. 프레 룹이라는 이름은 크메르어로 '육체가 변한다'라는 뜻인데, 현지인들이 이곳을 화장의식이 이루어지는 곳으로 생각했기 때문이다. 사원은 약 127m×116m의 외벽으로 둘러싸여 있으며, 밖에서 보면 피라미드 형태로 쌓은 테라스 기단 위에 탑들이 세워져 있는데, 전체적으로 균형이 잘 잡혀 있고 아름답다. 동쪽 입구에 서 있는 6개의 탑을 지나 안쪽 마당으로 들어서면 계단 밑에 우물처럼 보이는 사각형 구조물이 있다. 일부 고고학자들은 이곳에서 화장 의식을 행했거나, 시바 신이 타고 다니는 황소인 난디의 조각상이 있었던 것으로 여기고 있다. 구조물 옆에는 2개의 도서관 건물이 남아 있다.

경사가 덜 한 동쪽 계단을 이용해 테라스 상단으로 올라가면 메루산을 상징하는 중앙의 가장 큰 탑을 비롯해서 5개의 탑이 있다. 모든 탑은 동쪽을 향해서만 뚫려 있고 나머지 세 방향으로는 가짜 문이 만들어져 있다. 문 주변은 압사라와 식물 형태의 부조로 아름답게 장식해놓았다. **프레 룹은 프놈 바켕과 더불어 여행객들이 즐겨 찾는 일몰 포인트** 중의 하나이다. 사원의 대부분이 붉은 라테라이트로 지어졌기 때문에, 석양의 붉은빛이 사원을 비출 때 가장 아름답다.

위치 씨엠립 시내에서 차량 또는 툭툭으로 약 25분 오픈 07:30~18:30

프레 룹의 동쪽 마당. 중앙의 석관처럼 생긴 부분에서 장례 의식을 치른 것으로 여기고 있다.

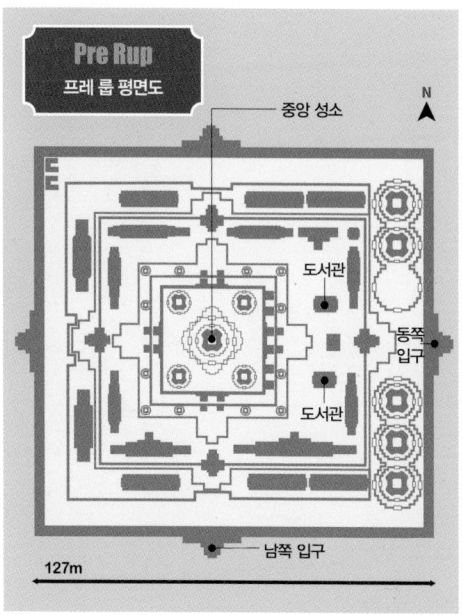

Pre Rup
프레 룹 평면도

중앙 성소

N

도서관

동쪽
입구

도서관

남쪽 입구

127m

Tip

프레 룹에서 일몰 보기

프놈 바켕과 비교해볼 때 **정상으로 올라가는 인원 제한이 없는 것이 프레 룹의 가장 큰 장점.** 또한, 찾는 인원이 프놈 바켕에 비해 많지 않으며 테라스 부분이 넓어서 자신이 원하는 편안한 자세로 일몰을 구경할 수 있다. 테라스에 오르면 동쪽으로는 프놈 쿨렌 산맥이 보이고, 서쪽으로는 밀림으로 된 지평선 너머로 앙코르와트의 탑들이 보인다.

1 테라스 위의 중앙 성소 탑. 3층 기단 위에 문 주변의 부조 장식이 아름답다. 2 사원을 지키는 사자상 대부분은 얼굴이 사라졌다. 3 프레 룹에서 일몰을 감상하는 여행자들

동 메본
East Mebon

- 라젠드라바르만 2세 Rajendravarman II (재위 944~968년)가 건축
- 선대왕 야소바르만 1세(재위 889~910년)가 만든 인공 저수지 위에 사원을 세움
- 947년 시작, 952년 이후 완공

위용을 자랑하는 사자상

위치 씨엠립 시내에서 차량 또는 툭툭으로 약 30분 오픈 07:30~17:30

1 테라스의 코끼리상. 가장 상태가 완벽한 것은 남서쪽 모서리에 있다.
2 여행자들이 들어가는 동쪽 입구. 옛날에는 이곳이 선착장이었다.

비슈누 신이 타고 다니는 가루다가 새겨진 린텔(문 상단)의 부조. 동 메본의 린텔에는 힌두교 신화 속 이야기가 담겨져 있다.

중앙 성소 탑

지금은 그 모습을 상상하기 힘들지만 사실 동 메본은 섬 위의 사원 이었다. 선대부터 존재했던 동 바라이라는 넓은 저수지 가운데에 후대의 왕이 인공 섬을 쌓고 시바 신을 모시는 사원을 세웠다. 지금 은 물이 완전히 말라버렸지만, 옛날에는 사원의 4방향에 있는 선착 장을 통해서 사원으로 들어왔다. 좁은 섬 위에 사원을 세우다 보니 공간 활용을 위해서 3단 테라스 형태의 피라미드식 기단을 만들고, 넓은 1층 테라스 위에 다른 건축물들을 세웠다. 다른 건축물들은 투 박하게 보이지만, 사원 입구와 탑의 문 상단의 조각 부조는 매우 화 려한 것이 특징이다.

동 메본에서 가장 눈에 띄는 것은 상단 테라스의 네 모서리에 있 는 코끼리 조각상이다. 사람보다 조금 큰 크기로 마치 저수지 너머 의 세계를 지켜보는 듯한 자세로 서 있다. 다른 사원들과 마찬가지 로 테라스와 성소의 입구에는 사자상이 지키고 있는데, 크기도 크 고 모양도 온전히 남아 있어 그 위용을 느껴볼 수 있다. 3단 테라스 에는 동서남북 각각 2개씩, 총 8개의 작은 탑이 중상 성소 부분을 에워싸고 있다. 중앙 성소에는 신화 속의 메루산을 상징하는 5개의 탑이 세워져 있다.

CHECK 동 바라이는 남북으로 약 2km, 동서로 약 8km나 되는 직사 각형 모양의 거대한 저수지였다. 현재 저수지의 물은 없지만, 구글 지도의 위성사진을 보면 과거 저수지의 외곽선을 확인할 수 있다.

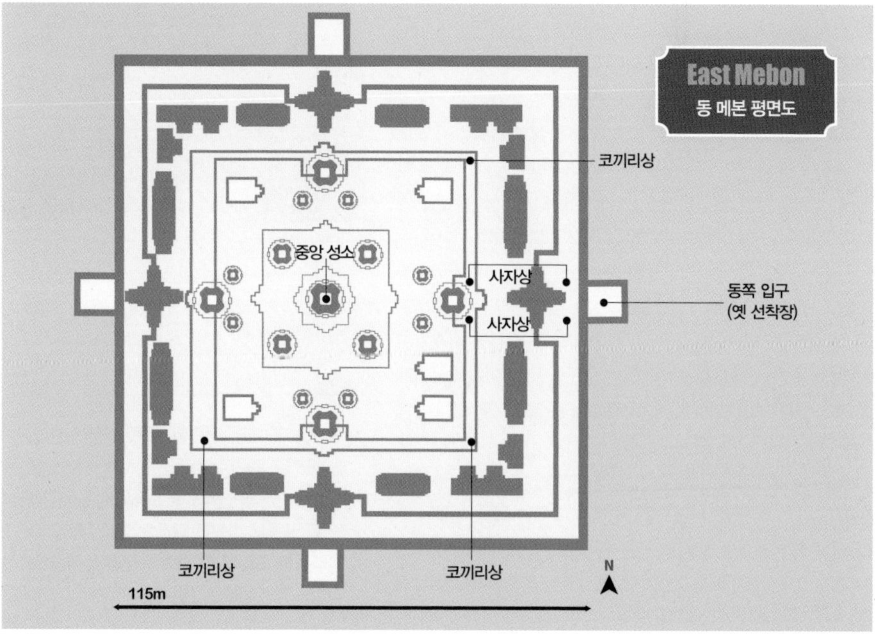

East Mebon
동 메본 평면도

코끼리상

중앙 성소

사자상

동쪽 입구
(옛 선착장)

사자상

코끼리상

코끼리상

115m

N

프라삿 크라반
Prasat Kravan

- 하르샤바르만 1세 Harshavarman I (재위 910~922) 때인 921년 건축된 힌두교 사원
- 당시 귀족 출신 마히다라바르만과 자야비라바르만이 건설
- 1930년대 앙리 마르셀이 발견

프라삿 크라반은 비슈누 신을 위한 사원으로, 5개의 탑으로 구성된 매우 단출한 유적이다. 그런데도 방문한 사람들이 이곳을 쉽게 떠나지 못한다. 앙코르의 사원들과는 다른 독특한 양식의 건축물인 동시에 **인상적인 비슈누 신의 부조**가 있기 때문이다. 주차장에서 유적을 향해 걸어가면 사암을 쌓아 올려 만든 5개 탑의 뒷면이 보인다. 중앙 성소 탑을 중심으로 나머지 탑들이 일렬로 배치되었는데, 모두 동쪽을 바라보고 있다. 5개의 탑 중에서 중앙 탑만 5층까지 남아 있고 나머지는 머리 부분을 잃어버렸다. 문 옆을 장식하는 수문장 부조도 볼만하다.

중앙 탑 문으로 들어가면 3개의 비슈누 부조가 여행자를 맞이한다. 왼편에는 팔이 4개 달린 비슈누 신이 역동적인 자세로 큰 걸음을 걸으려고 하고 있다. 정면에는 악어 위에 비슈누가 서 있고 주변에 합장을 한 채 명상 중인 수도자들로 빼곡하게 채웠다. 오른편에는 비슈누 신이 독수리 얼굴에 사람 형상을 한 가루다를 타고 있다. 좁은 공간의 3면에서 비슈누가 내려다보고 있는 느낌은 매우 강렬하다. 북쪽 탑에는 비슈누의 아내 락쉬미가 서 있고 옆에서 신도들이 숭배하고 있는 모습이 있다.

CHECK 외부의 벽은 프랑스 극동 연구소가 1962~1966년에 걸쳐 복원한 것이다. 이때 사용한 벽돌에는 CA(Conservation of Angkor)라는 글자가 새겨져 있다.

중앙 탑 내부의 부조. 3개의 비슈누 부조가 관람객을 압도한다.

 위치 씨엠립 시내에서 차량 또는 툭툭으로 약 20분
오픈 07:30~17:30

Tip

프라삿 크라반은 전면이 동쪽을 바라보고 있는 곳으로, 해가 유적을 온전하게 비추는 오전에 보는 것이 좋다. 효율적으로 움직이려면 타 프롬을 비롯한 앙코르 동쪽 유적이나 반티에이 스레이, 반티에이 삼레 유적을 보러 가는 길에 들르는 것을 추천한다.

타 케오
Ta Keo

- 자야바르만 5세 Jayavarman V(재위 968~1001년) 때 건축 시작
- 아직 완성되지 못한 힌두교 사원

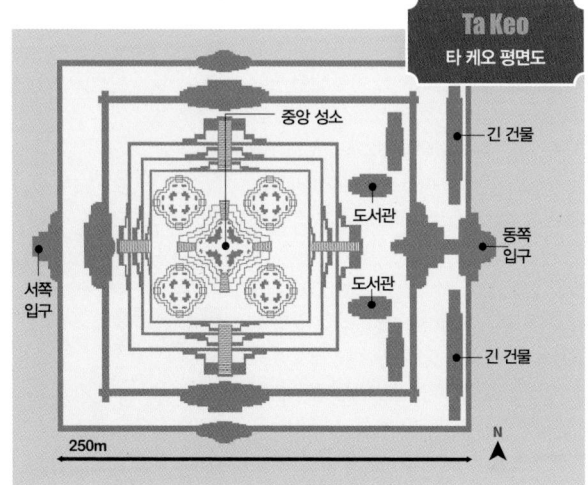

[위치] 씨엠립 시내에서 차량 또는 툭툭으로 약 30분 [오픈] 07:30~17:30

타 케오는 다른 앙코르 유적에서 흔하게 보았던 부조와 조각 장식들을 거의 찾아볼 수 없다. 사원의 북쪽 일부를 제외하고 미완성인 채로 남아 있기 때문이다. 그래서 조각들을 새겨 넣기 전, 단순하지만 탄탄하고 웅장한 유적의 맨얼굴을 그대로 감상할 수 있다. 신비한 미소의 압사라와 화려한 힌두 신화 속의 등장인물을 볼 수 없지만, 오히려 남성적인 앙코르 건축의 진면목을 볼 수 있는 곳이다. 기단에서 중앙 성소까지 **유적 대부분이 붉은색 라테라이트가 아닌 회색 사암으로 만들어져 굳건한 이미지**다. 또한, 앙코르 유적을 건축할 당시, 먼저 건물의 기초를 세운 다음 조각을 새기며 완성했다는 사실을 알 수 있다.

Tip

동쪽을 향해 세운 사원이지만 서쪽이나 남쪽 입구로도 올라갈 수 있다. 주차장에서 눈앞의 계단으로 올라가도 되지만, 동쪽 계단이 조금 경사가 덜해서 올라가기 편하다.

타 케오는 앙코르 톰의 동쪽 입구인 승리의 문 Victory Gate으로 나와서 정면의 길을 1km 정도 따라가면 나온다. 사원은 피라미드 형태를 하고 있는데, 다른 사원에 비해 경사가 높아 처음 마주하면 마치 밀림 속에 웅장하게 서 있는 산처럼 느껴진다. 동쪽 입구 쪽 중앙 성소 아래에는 2개의 도서관을 볼 수 있으며, 벽을 따라서 순례자들의 휴식처로 사용된 것으로 보이는 2개의 긴 건물이 있다.

중앙 성소에는 5개의 탑이 20m 높이의 기단 위에 있다. 모서리에 4개의 탑이 있고 가운데 다시 6m 높이의 기단 위에 세계의 중심, 메루산을 상징하는 중앙 탑을 올려놓았다. 모두 조각 하나 없이 벽돌 형태 그대로 남아 있는데, 사원이 미완성 상태로 남아 있는 이유는 알려지지 않았다. 중앙 성소는 크기가 40m×40m로 매우 넓은 편이라 올라가면 편안하게 경치를 감상할 수 있다.

1 순례자들의 휴식처로 사용된 건물
2 동쪽 입구를 바라본 모습. 아래에 2개의 도서관이 보인다. 타 케오는 계단이 높아서 올라가면서 보는 경치가 좋다.
3 중앙 성소 탑 중 하나. 미완성 상태로 마치 블록을 쌓아 올린 듯한 모양이다.
4 회색 사암의 단단한 벽으로 둘러싸인 중앙 성소 탑 내부. 작은 불상이 있다.

프레아 칸
Preah Khan

Tip

사원은 동서남북 4방향으로 출입문이 있으나 현재 여행자들은 주차장이 있는 서쪽과 북쪽 출입구를 주로 이용한다. 뚝뚝 기사와 약속을 하고 다른 쪽 출입구에서 만나기로 하는 것이 편하다.

- 자야바르만 7세 (재위 1181~1218)세가 아버지를 위해 건설한 불교 사원
- 1191년 완공

프레아 칸은 앙코르의 다른 유적들에서 볼 수 없는 독특한 건축 미학 때문에 특히 기억에 남는 곳이다. 프레아는 신성함을, 칸은 칼을 의미하는데, 이런 이름 덕분에 당시 국가를 지켜주는 신성한 검을 지키는 사원이라고 여겨진다. 자야바르만 7세가 아버지를 위해 지었기 때문인지 **어머니를 위해 지었던 타 프롬과 비교했을 때, 남성적이고 웅장한 분위기**를 풍긴다. 사원인 동시에 승려학원이나 왕궁으로도 사용하기도 했기 때문에 구조가 복잡하고 화려한 편이다. 특히, 그리스 신전을 연상케 하는 2층 구조물이나 외벽을 장식한 가루다상, 입체 조각의 모습을 갖춘 문지기 등 다른 사원에서 보지 못한 양식을 발견하는 재미가 있다.

[위치] 씨엠립 시내에서 차량 또는 툭툭으로 약 30분 [오픈] 07:30~17:30

① 서쪽 진입로

서쪽 주차장에서 입장권을 보여주고 유적으로 들어가면 진입로를 따라 양쪽에 사각형 기둥이 세워져 있다. 이것은 **힌두교에서 생식의 상징인 링가**로, 하단은 가루다로 보이는 형상이 새겨져 있고, 그 위로는 불상이 조각되어 있다. 단, 대부분의 불상은 힌두교가 득세하던 시대에 훼손되었기 때문에 모습을 알아보기 힘들다.

② 서쪽 고푸라

진입로가 끝나자마자 해자를 건너기 위한 다리와 실질적인 유적의 입구가 되는 고푸라(탑문)가 나온다. 다리의 난간은 앙코르 톰의 남문에서 볼 수 있었던 것처럼 **신들과 악마들 간의 '우유 바다 젓기'**를 형상화하고 있다. 고푸라에는 다른 유적에서 보았던 사면상 조각이 없다. 다리와 고푸라는 북쪽 입구에서도 볼 수 있다.

외벽의 가루다 부조

③ 외벽

고푸라에서 이어지는 외벽은 붉은색 라테라이트로 쌓아 올렸다. 벽 위쪽은 앉아 있는 부처상으로 장식했는데, 역시 훼손된 것들이 많다. 벽의 바깥쪽 면에는 약 50m 간격으로 **독수리 형상을 한 가루다가 발톱으로 뱀의 모양을 한 나가의 몸통을 잡고 있는 조각상**이 있다. 그동안 보았던 부조들에 비해 큼직큼직하고 모습이 당당하기 때문에 강렬한 인상을 남긴다.

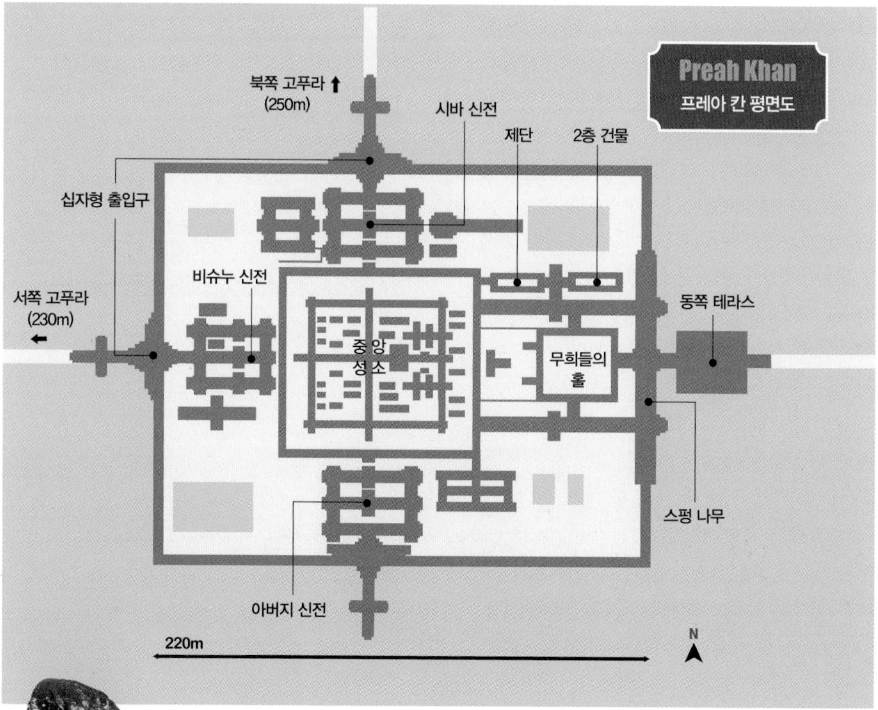

북쪽 고푸라 ↑
(250m)

시바 신전

제단

2층 건물

Preah Khan
프레아 칸 평면도

십자형 출입구

서쪽 고푸라
(230m) ←

비슈누 신전

중앙
성소

무희들의
홀

동쪽 테라스

스펑 나무

아버지 신전

220m

N

④ 십자형 출입구

다른 유적에서 볼 수 없었던 온전한 입체 형태의 문지기 조각상이 지키고 있다. 부조로 된 문지기상이 미술 작품을 감상하는 느낌이었다면, 입체 조각상은 전쟁 때 목이 잘려나갔음에도 동상의 목적을 명확하게 인식하게 만든다. 창문 바깥쪽에 있는, 단아한 모습으로 새겨진 압사라 장식도 볼만하다.

참파 왕국과의 전쟁에서
목이 잘려나간 문지기 조각상

⑤ 중앙 통로

중앙 성소를 둘러싸고 있는 내벽 안은 통로와 방의 집합체이다. 동서남북으로 연결되어 있고, 무너진 곳이 많아서 다소 복잡해 보이지만 서에서 동으로 이어지는 중앙 통로를 기준으로 삼으면 편하다. **프레아 칸의 통로는 중앙 성소에 가까워질수록 문의 크기가 작아지는 것을 볼 수 있다.** 이런 구조는 성소에 접근하는 사람의 몸을 낮추게 하면서, 동시에 외부의 적들로부터 방어하기 쉽게 하는 효과가 있었다.

신전의 링가와 요니

⑥ 주변 신전

중앙 성소를 중심으로 서남북 방향에 각각 작은 신
전이 있다. 북쪽에는 시바 신을 모시던 곳으로 링가
가 있으며, 서쪽은 비슈누 신을 모시는 신전이다. 그
리고 남쪽에는 왕의 아버지를 위한 신전을 만들었
다. 불교 사원임에도 성소 주변에 힌두교 신을 위한
사당이 있는 점이 독특하다. 각 신전의 모양은 알아
보기 힘들지만, 통로 가운데에 놓인 링가와 요니로
위치를 알 수 있다.

CHECK 링가는 스스로 잘라버린 시바 신의 남근을, 요니는 시바를 유혹하기 위해 여자의 성기 모양으로 변한 샥티
신을 상징한다.

수행자의 부조

중앙 성소

⑦ 중앙 성소

중앙 성소에는 종 모양을 한 스투파가 남아 있다. 이는 부처님의 사리를
모시는 사리탑으로 원래 자야바르만 7세의 아버지를 형상화한 불상이 있
었던 자리이다. 벽면에는 촘촘하게 구멍이 뚫려 있는데, 장식이나 판금을
붙인 것으로 보인다. 중앙 성소의 외부 벽면에는 수행자들이 앉은 자세로
수행하는 모습이 새겨져 있다.

⑧ 무희들의 홀

공간 내부에 새겨진 압사라 부조 때문에 '무희들의 홀'이라 불리
는 곳이다. 이런 무희들의 홀은 타 프롬을 비롯해서 주로 자야바
르만 7세가 지은 사원에서 볼 수 있는데, 실제로 종교의식 때 무희
들이 춤을 추었다고 한다. 부조는 주로 문틀의 윗면과 벽면을 장
식하고 있으며, 공간은 넓지만 기둥을 제외하고 상당 부분 파괴된
상태다.

⑨ 2층 건물과 제단

앙코르 유적에서 보기 드문 2층 건축물이다. 1층의 둥글고 거대한 기둥 때문에 그리스 신전을 닮았다. 보통 도서관을 세우는 위치에 있지만 독특한 건축 양식 때문에 이곳이 바로 신성한 검을 모셨던 곳으로 여겨지고 있다. 2층에는 사각형의 창이 있는데 현재 지붕은 남아 있지 않다. 2층 건물 옆에는 벽돌을 피라미드 모양으로 쌓아 올린 건축물이 있는데, 힌두교 의식을 치르던 제단으로 추정된다.

1 의식용 제단으로 추정되는 건축물
2 나무가 유적을 파괴하는 모습을 극명하게 볼 수 있다.

⑩ 동쪽 테라스

지금은 서쪽과 북쪽을 이용해서 들어갈 수 있지만, 원래 프레아 칸은 동쪽을 바라보는 사원이었다. 사원에서 바깥으로 나가는 테라스 부분에 거대한 스펑 나무가 유적의 한 부분을 차지하고 있다. 타 프롬처럼 건물 틈에서 자라난 나무가 유적을 조금씩 원래 자연의 상태로 되돌리고 있는 모습을 감상할 수 있다.

니악 포안
Neak Pean

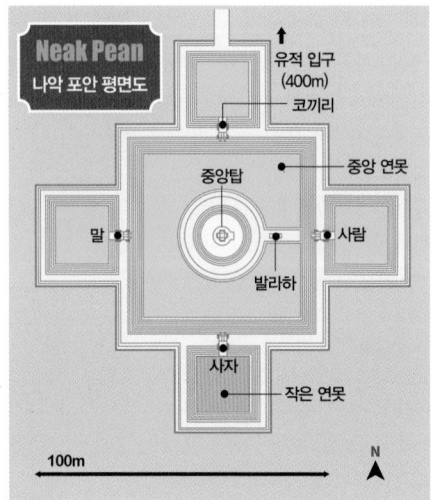

- 12세기 후반, 자야바르만 7세(재위 1181~1218)가 건축
- 치유의 목적으로 세워진 불교 사원

니악 포안은 앙코르 유적 중에서 형태와 목적이 가장 독특한 곳이다. 이곳에서는 다른 유적에서 흔하게 볼 수 있었던 고푸라 형 입구, 라테라이트로 만든 외벽과 내벽, 복잡한 통로와 회랑이 있는 신전과 피라미드 기단 위에 세운 여러 개의 탑은 찾아볼 수 없다. 오직 약 30m 길이의 작은 연못 4개와 70m 길이의 중앙 연못 1개가 있을 뿐이다.

니악 포안은 '꼬여 있는 뱀'이라는 뜻으로, 중앙 연못에 있는 탑 아랫부분이 2마리 뱀이 서로 말려 있는 형태로 되어 있어서 붙은 이름이다. 이곳은 불교 사원인 동시에 **신성한 연못의 물로 병을 치유하는 일종의 병원 역할**을 담당했다.

[위치] 씨엠립 시내에서 차량 또는 툭툭으로 약 40분
[오픈] 07:30~17:30

> **Tip**
>
> 니악 포안은 연못으로 만들어진 사원이지만, 현재 연못에 항상 물이 차지는 않는다. 우기에는 중앙 연못에 물이 찬 모습을 볼 수 있는데, 이때도 작은 연못은 물이 완전히 차지 않는다. 건기에는 물이 빠지는 대신 중앙 탑을 좀 더 가까이서 볼 수 있는 장점이 있다.

① 들어가는 길

유적으로 들어가려면 도로에서 400m 정도 걸어 들어가야
한다. 진입로 옆으로 군데군데 물웅덩이가 있는 평원 위에
서 들소들이 한가롭게 풀을 뜯고 있는 풍경을 볼 수 있다.
이곳은 사실 자야바르만 7세가 만든 거대한 저수지 자야타
타카 Jayatatak로, 크기가 3,700m×900m나 된다. 니악 포
안은 커다란 저수지 안에 세운 수상 사원인 셈이다.

② 작은 연못들

유적에서 가장 먼저 만나는 것은 북쪽의 작은 연못이다. 4개의 연못은 지구에 존재
하는 4대 강을 상징한다. 중앙 연못 쪽을 보면 작은 굴 같은 것이 있는데, 이것은 중
앙 연못과 연결된 수로 부분이다. 수로 안쪽은 마치 작은 사원처럼 만들어져 있으
며, 각각 인간, 말, 사자, 코끼리의 머리 모양 조각상을 두었다. 이 조각상의 입에서
부터 중앙 연못의 물이 흘러나왔고, 환자들은 병의 종류에 따라서 각각 다른 연못
의 물을 이용해서 치료받았다고 한다.

③ 중앙 연못과 중앙 탑

중앙 연못은 우주의 꼭대기인 히말라야에 있다고 하는 신성한 호수 아나바타프타
Anavatapta를 상징한다. 사각형 모양의 중앙 연못 안에는 직경 14m의 원형 섬을
만들어 놓았는데, 이 역시 아나바파프타 가운데에 있는 부처들의 땅을 형상화한 것
이다. 섬의 기단 부분은 나가 두 마리가 서로 원형으로 꼬여 있는 모습이고, 그 위에
연꽃을 상징하는 중앙 탑이 세워져 있다. 중앙 탑은 관세음보살을 위한 성소로, 부
처가 출가하는 모습과 입적 후 깨달음을 얻는 모습을 새겨 놓았다.

중앙 탑

발라하 조각상. 중앙 탑 아래쪽에 2마리 나가 머리가 보인다.

④ 발라하

중앙 연못의 동쪽에는 마치 성소를 향해 헤
엄쳐 가는 듯한 말 모양 조각상이 있다. 이
것은 관세음보살의 또 다른 화신인 발라하
Balaha로, 고통받는 인간을 구제하는 역할
을 하는 존재이다. 발라하는 앞발을 들고 역
동적인 모습으로 성소를 향해 나아가는 모
습을 하고 있으며, 아래에는 발라하를 필사
적으로 붙잡고 있는 인간들의 모습을 표현
해 놓았다. 4방향의 발라하 중 현재 동쪽의
한 개만 남아 있다.

타 솜
Ta Som

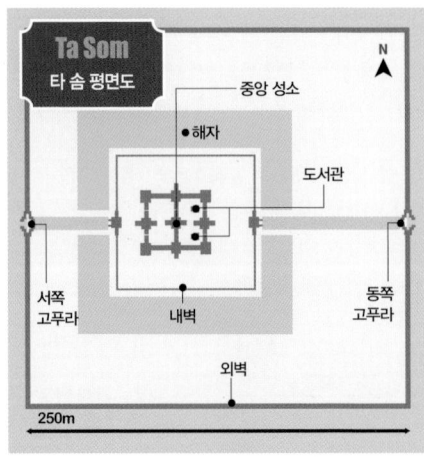

● 12기 후반, 자야바르만 7세 시대에 건축된 불교 사원

니악 포안의 동쪽에 위치한 타 솜은 작지만, 마음을 끄는 유적이다. 사실 타 솜은 불교 사원이란 것 외에는 지어진 목적이나 역사가 확실하지 않고, 자야바르만 7세 때 지어진 다른 유적들과 건축 양식이 비슷해서 그냥 지나치는 사람들도 많다. 사원으로 들어가는 입구인 고푸라에는 앙코르 톰 남문에서 보았던 사면상이 조각되

1 서쪽 고푸라의 사면상
2 중앙 성소. 기단 없이 평지에 세웠다.
3 나무줄기 뒤의 부조 조각
4 나무와 유적이 하나 된 모습은 작은 감동을 준다.

위치 씨엠립 시내에서 차량 또는 툭툭으로 약 35분 오픈 07:30~17:30

어 있다. 라테라이트 벽돌로 만든 외벽과 내벽 사이에는 해자가 있고, 중앙에는 십자 형태의 성소와 2개의 도서관이 있다. 유적의 상당 부분은 허물어져 있으며 복원작업도 제대로 하지 않은 상태이다. 그런데도 꼭 한번은 가봐야 할 유적으로 꼽는 이유는 **나무와 유적이 완전히 하나가 된 듯한 고푸라(탑문)** 때문이다.

타 솜에는 서쪽과 동쪽 입구에 각각 사면상이 조각된 고푸라가 있는데, 동쪽 입구의 고푸라는 타 프롬이나 프레아 칸에서 보았던 것처럼 돌로 만든 유적 위로 나무가 자라고 있다. 그런데 굵은 머리카락처럼 뻗어 나온 뿌리가 입구 전체를 감싸고 있어서 마치 나무 자체가 입구가 된 듯하다. 나무가 유적을 허물어뜨리고 있는지, 아니면 지탱하고 있는지 헷갈릴 정도. 사람들도 이 입구를 지날 때는 잠시 걸음을 멈추고 신비로운 듯 한참 동안 쳐다보게 된다. 뿌리 사이로 얼굴을 내밀고 있는 수도승과 압사라 조각들은 마치 나무의 포로처럼 보인다.

반티에이 스레이
Banteay Srei

- 왕족 출신 신하인 브라만 야즈나바라하 Brahman Yajnavaraha가 967년 건축
- 자야바르만 5세의 즉위년 968년 봉헌
- 시바와 비슈누 신을 모시는 힌두교 사원
- 1914년 프랑스의 군인에 의해 발견

Tip
반티에이 스레이는 씨엠립에서 30km 이상 떨어져 있으며, 툭툭으로 1시간 이상 가야 한다. 불시에 소나기가 오는 우기에 방문하거나, 일행이 3인 이상일 경우, 조금 비용을 더 들여서 차량을 대여하면 편하게 다녀올 수 있다.

위치 씨엠립 시내에서 차량 또는 툭툭으로 약 1시간 오픈 07:30~17:30

앙코르 유적에 수많은 사원이 있지만, 다녀와서 기억에 명확하게 남는 곳은 그중 일부일 뿐이다. 그러나 반티에이 스레이는 일단 한번 다녀온 사람이라면 누구나 기억할 수밖에 없는 유적이다. 툭툭으로 1시간을 넘게 가야 하기 때문에 너무 멀게 느껴져서 관람을 포기할 사람이 있을지도 모르지만, 단연코 방문할 만한 가치가 있다. 앙코르 유적 중에서 가장 아름답고 화려한 조각이 있는 곳이기 때문이다. 비록 왕이 아닌 신하가 만든 사원이며 규모는 앙코르 와트의 1/10도 안 되지만, 섬세한 조각들로만 판단하자면 이곳이 앙코르와트보다도 더 수준 높은 사원처럼 보인다. 유적 입구에서 사원 쪽으로 들어서면 가장 먼저 유적의 붉은 색감이 눈에 들어온다. 핑크와 오렌지색으로 오묘한 빛깔을 내는 사원의 문과 외벽에 빈틈없이 부조를 채워 넣었다. 그 빛깔과 섬세함 때문에 마치 돌이 아닌 나무에 조

각을 해놓은 것 같다. 조각들은 힌두 신화의 이야기와 등장인물들을 역동적으로 묘사하고 있다. 특히, 중앙 성소에는 옷자락의 선이나 얼굴의 미소를 선명하게 느낄 수 있는 여인의 부조가 있는데, 덕분에 **'여인의 요새 혹은 성채'**라는 이름이 잘 어울린다. 한번 보고 나면 크메르 건축의 보석이라는 별명에 역시 고개가 끄덕여지는 곳이다.

Tip

시내에서 멀리 떨어진 한적한 사원이지만, 최근 단체 관광객들이 몰리면서 점점 사람이 많아지고 있다. 문제는 사원이 매우 작아서 사람이 많으면 분위기가 산만해진다는 점. 아침 일찍이나 점심시간, 혹은 오후 늦게 방문하면 조금 더 한적하게 관람할 수 있다.

① 유적 입구

다른 앙코르 유적에서 멀리 떨어진 곳에 있어서 그런지, 반티에이 스레이에는 편의 시설을 가진 별도의 입구 건물이 있다. 작은 카페와 화장실이 있어서 쉬어갈 수 있으며 기념품점도 있다. 들어가는 길에 유적의 유래와 복원과정에 대한 설명해두었다.

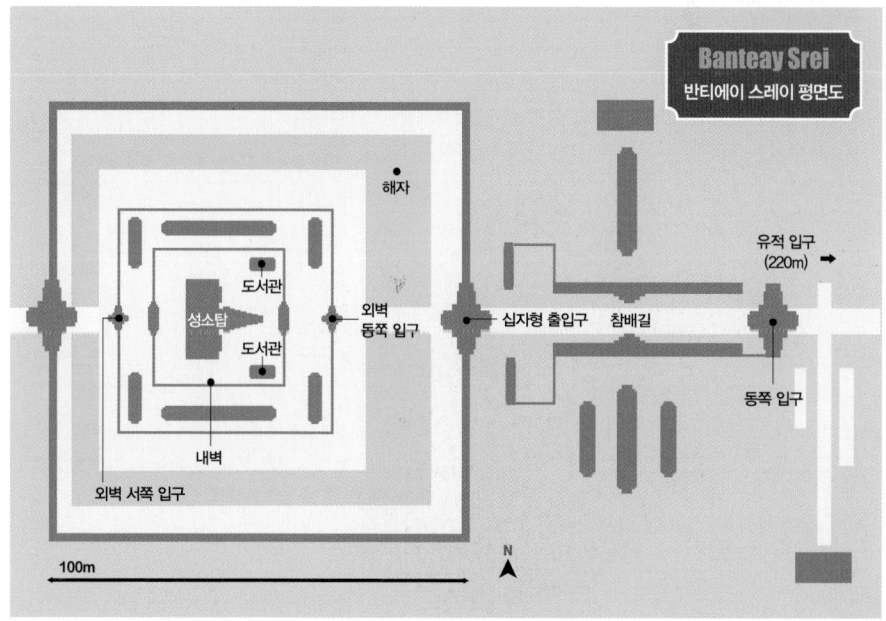

② 동쪽 입구

앙코르의 일반적인 다른 유적들은 입구가 탑문인 고푸라로 되어 있지만, 이곳은 삼각형 형태로 되어 있다. 그리고 화려한 나뭇잎 부조를 이용해 마치 불꽃처럼 보이도록 장식했고, 중간에는 머리 3개 달린 코끼리를 타고 있는 인드라 신을 새겨 놓았다. **신하가 지은 사원이기 때문에 왕을 상징하는 사자와 가루다 조각은 볼 수 없다.**

코끼리 아이라바타 Airavata를 타고 있는 인드라 신

③ 참배길

사원의 첫 번째 문인 동쪽 입구를 통과하고 나면 라테라이트를 깔아 놓은 참배길이 나온다. 약 60m 길이로, 길 일부에는 32개의 기둥 모양 링가를 세워두었다. 링가 외에도 사각형의 사암 기둥이 남아 있는데, 과거 지붕이 있는 회랑이었던 것으로 보인다. 참배길 끝의 또 다른 입구는 십자 형태로 생겼는데, 문틀에 사원의 유래를 기록한 석문이 남아 있다. 또한, 문 내부 한가운데 링가를 올려놓았던 요니가 있다.

1 968년이 기록된 석문
2 십자형 출입구 가운데에 남아 있는 요니

석문이 있는 출입구를 빠져나오면 사원으로 들어가는 길 양옆으로 ㄷ자 형태의 공터가 나온다. 이곳은 과거 물로 채워진 해자였던 곳인데, 평소에는 물이 많이 빠져서 사원 주위를 한 바퀴 둘러 볼 수 있다.

해자에서 바라본 사원의 모습

Tip
우기에는 해자 일부에 물이 채 워진 모습을 볼 수 있는데, 이때 물 위에 비친 아름다운 사원 사 진을 찍을 수 있다.

⑤ 중앙 성소의 외벽 동쪽 입구

과거 해자였던 부분을 지나면 삼각형 천막을 올린 듯한 문이 나타난다. 문은 십자 형태로 되어 있으며 이곳을 통과 하면 중앙 성소를 보호하는 내벽이 나온다. 문 상단의 장식 역시 특이한데, 마치 두루마리 천으로 천장을 만들고 중 간중간 연잎으로 장식한 것처럼 보인다. 그리고 앞쪽 문에는 비슈누 신을, 뒷문에는 비슈누의 아내 락슈미를 새겨 놓았다. 한편, **외벽의 서쪽 입구에는 힌두 서사시의 한 장면인 원숭이 형제 발린의 죽음이 묘사**되어 있는데, 원숭이 의 생생한 표정 때문에 꼭 찾아봐야 할 부조 중 하나다.

1 외벽 동쪽 입구의 부조. 비슈누의 아내 락슈미가 코끼리의 축복을 받고 있다.
2 외벽 서쪽 입구의 부조. 원숭이들의 놀란 표정이 생생하다.

⑥ 도서관

성소의 내벽으로 들어가면 좌우에 2개의 도서관이 있는데, 조각이 중앙 성소 못지않게 화려하다. 특히, 문 위쪽은 마치 불타오르는 3겹의 불꽃처럼 장식하여 눈길을 끈다. 중앙은 각각 힌두교 신화의 한 장면들로 가득 채워져 있고, 외부는 머리가 5개 달린 나가와 나뭇잎 모양 장식을 이용해서 불꽃의 형상을 만들었다.

1 남쪽 도서관. 하나의 완벽한 조각 작품이다.
2 북쪽 도서관의 부조. 크리슈나가 악마의 왕 깜사의 머리를 붙잡고 물리치고 있다.

⑦ 성소 탑

T자형 기단 위에 하나의 성소와 3개의 탑이 올라가 있다. 세 개의 탑 중에서 북쪽 탑은 비슈누 신에게, 가운데와 남쪽 탑은 시바 신에게 바친 것이다. 탑에서 가장 눈에 띄는 것은 각 입구 앞에 세워진 **반인반수 형상의 수문장**이다. 각각 원숭이, 새, 사람의 머리를 가지고 한쪽 무릎을 꿇은 모습으로 앉아 있는데, 외부로는 경계를, 내부에는 존경을 표하는 모양을 하고 있다. 가운데 탑의 양 문에는 **남성 문지기인 드바라팔라**가 서 있고, 양옆의 탑에는 **여성 문지기인 데바타**가 있다. 드바라팔라는 오른손에는 창을, 왼손에는 연꽃 봉우리를 가볍게 쥐고 있는데, 코와 머리카락이 섬세해서 여성스러운 느낌이 든다. 데바타는 땋아 올린 머리, 서글서글한 눈, 두꺼운 입술, 솔이 살아있는 귀 장식, 풍만한 가슴과 잘록한 허리, 부드러운 치마 등 앙코르 유적의 많은 여인상 중에서 가장 섬세하고 생동감 있게 묘사되었다. 덕분에 인도차이나의 비너스 혹은 모나리자로 비유되기도 한다.

1 반티에이 스레이의 꽃, 데바타 부조
2 드바라팔라 3 원숭이 머리를 가진 수문장

Talk 도둑질로 장관이 된 앙드레 말로

앙드레 말로 Andre Malraux는 소설 『인간의 조건』을 쓴 유명한 프랑스의 작가이자 정치가이다. 그가 1923년 반티에이 스레이 북쪽 성소의 문지기인 데바타상의 아름다움에 반해 프랑스로 밀반출을 시도한다. 다행히 프놈 펜에서 적발되어 체포되었는데, 지인들의 구명운동으로 풀려난다. 식민지 국가의 문화재 약탈을 시도했던 그가 나중에 프랑스의 문화부 장관이 된 것이 아이러니라고 할 수 있다.

반티에이 삼레
Bantey Samre

- 12세기 초, 수리야바르만 2세(재위 1113~1150) 시대에 만들어진 것으로 추정
- 비슈누 신을 위한 힌두교 사원

반티에이 삼레는 흔히 **'미니 앙코르와트'** 또는 앙코르와트의 축소판으로 불린다. 연꽃 봉오리 모양의 중앙 성소 탑, 제례 때 쓰인 물건들을 보관하던 도서관, 힌두교 신화를 보여주는 부조 작품 등 크기는 작지만 앙코르 건축물의 핵심요소들을 고스란히 간직하고 있다. 특히, 조립 해체 공법을 이용해 앙코르 유석 중에서 가장 원형에 가깝게 복원이 되었기 때문에, 다른 복원되지 않은 유적들의 모습을 유추하는 데 도움이 된다.

이곳의 또 다른 장점은 고즈넉한 분위기다. 한가한 시간대에는 관광객보다 유적 사이를 어슬렁거리며 돌아다니는 경비원들이 더 많이 눈에 띈다. 그래서 나가 모양의 난간이나 문 옆에 서서 멋진 인증샷을 남기기에 이보다 제격인 유적이 없다. 관광객들을 유혹하는 아름다운 압사라 조각도 없으며, 유적의 규모나 부조의 섬세함만 따지면 순위 안에 들지는 못하지만, 유독 이곳을 좋아하는 사람들이 있다. 멋진 유적들을 천천히 돌아보며 조용히 즐기고 싶은 마음이 있다면 반티에이 삼레가 제격이다.

위치 씨엠립 시내에서 차량 또는 툭툭으로 약 40분   오픈 07:30~17:30

Tip

반티에이 삼레는 따로 가면 툭툭 기본요금에 추가 요금을 받는다. 관광객들의 동선상 반티에이 스레이를 오가는 길목에 있어서 두 유적을 함께 보면 반티에이 스레이를 보러 가는 가격에 볼 수 있다. 툭툭 기사와 흥정할 때 전체 일정을 알려준다.

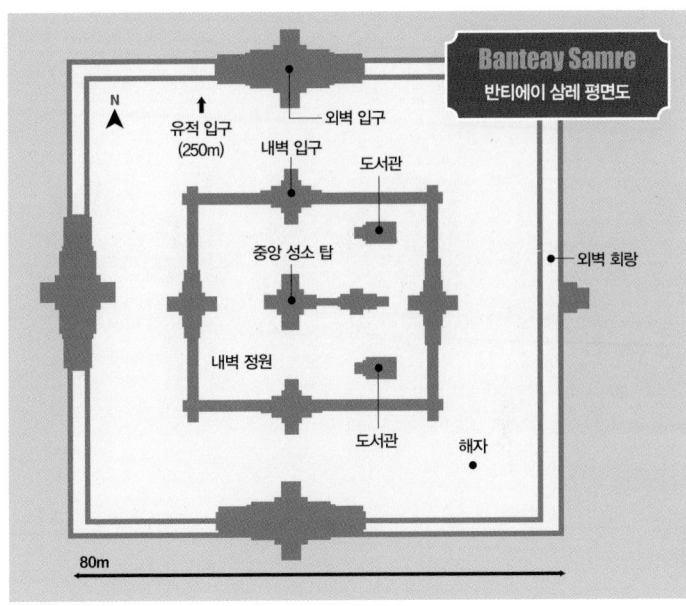

Banteay Samre
반티에이 삼레 평면도

N

외벽 입구

유적 입구
(250m)

내벽 입구

도서관

중앙 성소 탑

외벽 회랑

내벽 정원

도서관

해자

80m

① 외벽 입구

유적은 동쪽을 향해 지어졌지만, 여행객들은 차가 다니는 대로와 주차장이 있는 북쪽에서 들어가게 된다. 외벽을 따라 4개의 출입구가 있다. 입구 상단에는 불꽃 형태의 장식이 되어 있고 가운데에는 힌두교 신화의 부조가 새겨져 있다.

② 해자

외벽 입구로 들어가면 보이는 넓은 잔디밭은 옛날에 해자였던 곳이다. 지금은 물이 없어서 마치 정원처럼 보인다. 외벽은 약 80m×85m의 크기로 해자 위의 회랑을 따라서 돌아볼 수 있다.

③ 내벽 입구

해자를 건너면 나오는 내벽 입구는 외벽 입구보다 좀 더 화려한 부조로 장식되어 있다. 특히, 동쪽 입구 쪽에서는 앙코르와트 회랑에서 보았던 우유 바다 젓기 이야기를 부조로 만들어 놓은 것을 볼 수 있다. 입구 장식 뒤로 또 하나의 지붕 형태가 올라가 있어서 외벽 입구보다 웅장한 맛이 있다.

④ 내벽 정원과 나가

내벽은 44m×38m 크기로, 중앙 성소를 둘러싸고 있다. 내벽 안쪽 공간에서 가장 눈길을 끄는 것은 **나가의 형태로 장식한 난간**이다. 난간은 안쪽 회랑을 둘러싸듯이 이어져 있는데, 중앙 성소로 가는 계단 위쪽으로 머리를 치켜세우고 있다. 지금은 잔디밭이 된 작은 정원은 옛날에는 연못이었던 것으로 추정된다.

⑤ 도서관

도서관은 내벽 정원에서 중앙 성소 탑 못지않게 인상적인 건물이다. 특히, 동서 방향으로 나 있는 문 위쪽에는 중앙 성소 탑에도 없는 세밀한 부조가 있어서 눈길을 끈다. 부조 내용은 주로 힌두교의 창조 신화에 관한 것으로 비슈누, 락슈미, 크리슈나 등이 등장한다. 동쪽 입구에서 들어왔을 때 양옆에 2개가 있는데, 안에는 뚜껑이 있는 작은 제단형 함이 만들어져 있다.

⑥ 중앙 성소 탑

중앙 성소 탑을 바라보고 있으면 마치 앙코르와트의 3층 회랑에 들어와 있는 기분이 든다. 십자형 기단 위에 사각형으로 탑을 올렸는데, 상단은 연꽃 봉우리 모양을 하고 있다. 4방향의 문 중에서 동쪽만 전실 형태로 입구가 열려 있고, 나머지는 가짜 문으로 되어 있다.

PREPARATION

PART
5

여행 준비하기

여행 정보 수집

어떤 여행 정보를 들고 있느냐에 따라 그 여행의 질도 달라진다. 낯선 환경일수록 '아는 만큼 보인다'는 명언은 힘을 발할 터. 별다른 계획 없이 떠나거나 정보가 부족하다면 어렵게 떠난 해외 여행지에서 시간 낭비를 할 수 있다.

인문서&가이드북

앙코르 유적 여행은 유적에 대한 이야기를 얼마나 알고 가느냐에 따라서 여행의 만족도가 달라진다. 가이드에게 현장에서 직접 설명을 듣는 것도 좋지만, 더위와 체력 때문에 계속 집중력을 발휘하기 힘들다. 앙코르 유적에 관한 책 한 권 정도는 읽고 여행을 떠나보자. 유적과 관광지 설명을 함께 담은 가이드북도 큰 도움이 된다.

추천 서적
《앙코르 와트 · 월남 가다 상/하》 김용옥(2005)
《신화가 만든 문명 앙코르 와트》 서규석(2006)
《혼돈의 캄보디아, 불멸의 앙코르와트》 이지상(2007)
《앙코르와트》 후지와라 사다오(2014)

인터넷&여행사

직접 체험한 생생한 느낌을 전해 들을 수 있는 방법. 단, 주관적인 경험 위주라 검증되지 않는 정보가 유통되는 경우도 많다. 여행 정보를 얻을 수 있는 인터넷 카페에 가입하거나, 여행사가 운영하는 홈페이지와 카페도 방문해 보자.

인터넷 커뮤니티
대사랑 www.thailove.net
캄보디아 여행자 클럽 www.ilovecambodia.co.kr

휴대폰 애플리케이션

휴대폰으로 다운받을 수 있는 여행 정보 애플리케이션들이 늘어나고 있다. '캄보디아 여행 네비게이터', '캄보디아 팁', '캄보디아 Eat, Travel, Love'(구글 안드로이드 기준) 등이다. 단, 이용자가 많지 않아서 다운로드 횟수가 적고, 정보의 업데이트를 보장받을 수 없는 것이 단점.

지인&친구

그곳을 미리 체험한 이들의 조언도 무시할 수 없다. 최근에 다녀온 사람일수록 생생한 정보가 많은 것은 당연한 일. 소소하게 놓치기 쉬운 준비 사항들을 즐겁게 대화하면서 발견해보자.

캄보디아 여행을 위한 필수 애플리케이션

❶ 구글 지도 Google Map

구글 지도 없이 여행하는 것은 이제 상상할 수 없다. 목적지 검색, 가고 싶은 곳 저장하기, 내비게이션 기능까지 길치도 여행할 수 있게 만들어주는 애플리케이션. 이제는 오프라인에서도 지도를 저장해서 사용할 수 있다.

❷ 아큐웨더 Accuweather

즐거운 여행을 위해서 날씨만큼 중요한 것이 없다. 아큐웨더는 전 세계 각 지역의 날씨를 정확하게 예보하는 애플리케이션으로 명성이 자자하다. 단, 우기에 스콜이 내리는 시간 정보는 지역에 따라서 정확하지 않은 경우가 많다. 씨엠립 날씨는 영어로 Siem Reap 또는 한글로 씨엠레아프를 검색할 것.

여권과 비자

어디에서 만들까?

여권은 외교통상부에서 주관하는 업무지만 서울에서는 외교통상부를 포함한 대부분의 구청에서, 광역시를 비롯한 지방에서는 도청이나 시·구청에 있는 여권과에서 발급받을 수 있다. 인터넷 포털 사이트에서 '여권 발급 기관'을 검색하면 서울 및 각 지방 여권과에 대해 자세한 안내를 받을 수 있으니 가까운 곳을 선택해 방문하자.

어떻게 만들까?

전자여권은 타인이나 여행사의 발급 대행이 불가능하기 때문에 본인이 신분증을 지참하고 직접 신청해야 한다. 단, 18세 미만의 신청은 대행이 가능하다.

> 여권 종류에 따른 필요 서류와 여권 사진을 챙긴다 → 거주지에서 가까운 관청의 여권과로 간다 → 발급신청서 작성 → 수입 인지 붙이기 → 접수 후 접수증 챙기기 → 3∼7일 경과 → 신분증 들고 여권 찾기

여권 발급 신청 준비물
- 신분증(주민등록증, 운전면허증, 공무원증, 유효한 여권)
- 여권용 사진 1매(6개월 이내 촬영한 사진, 전자여권이 아니면 2매 필요)
- 여권 발급 신청서
- 여권 발급 수수료

여권을 잃어버렸다면?

여권을 분실했을 때는 재발급 또는 신규 발급 중에 선택해서 신청할 수 있다. 재발급의 경우는 비용이 저렴한 대신 기존 여권의 남은 유효기간으로 발급이 되며, 신규 발급은 신청 시점을 기준으로 새로운 유효기간이 산정된다. 재발급 절차는 신규 여권 발급과 비슷하며, 재발급 사유를 적는 신청서와 분실신고서를 작성한다.

군대 안 다녀온 사람은?

25세 이상의 군 미필자는 여전히 허가를 받아야 한다. 병무청 홈페이지에서 신청서를 작성하며, 신청 후 홈페이지에서 국외여행허가서와 국외여행허가증명서를 출력할 수 있다. 국외여행허가서는 여권 발급 신청 시 제출하고, 국외여행허가증명서는 출국할 때 공항에 있는 병무신고센터에 제출해야 한다.

어린 아이들은?

만 18세 미만의 미성년자는 부모의 동의로 여권을 만들수 있다. 여권을 신청할 때는 일반인 제출 서류에 가족관계증명서를 지참해 부모나 친권자, 후견인 등이 신청할 수 있다. 만 12세 이상은 본인이 직접 신청할 수도 있는데, 이럴 경우 부모나 친권자의 여권발급동의서와 인감증명서, 학생증을 지참해야 한다.

캄보디아 입국 비자

캄보디아에 관광을 목적으로 입국하는 사람은 관광 비자를 발급받아서 30일 동안 체류할 수 있다. 단, 여권 유효기간이 6개월 이상 남아 있어야 한다. 비자를 받으려면, ①캄보디아 공항과 국경에서 신청 ②주한 캄보디아대사관에 신청 ③캄보디아 외교부 홈페이지 E-VISA에서 신청하는 세 가지 방법이 있다.

여행자 보험 가입하기

낯선 곳에서 여행하면서 어떤 일을 겪게 될지는 누구도 예상할 수 없다. 외부 활동이 많아지는 만큼 다치거나 아파서 병원에 가게 될 확률도 높아지고, 의도치 않게 귀중품을 도난당하는 일도 생긴다. 이런 경우를 대비하는 것이 바로 여행자 보험이다.

상금 신청 절차를 밟는다. 병원 치료를 받은 경우 병원 진단서와 처방전, 병원비, 약품 구입비 영수증 등을 꼼꼼하게 첨부한다. 도난을 당했을 경우 '분실 Lost'이 아니라 '도난 Stolen'으로 기재한 폴리스 리포트를 제출해야 한다. 도난 물품의 가격을 증명할 수 있는 쇼핑 영수증을 첨부하면 좋다.

보험 가입하기

여행자 보험은 손해보험사의 홈페이지나 여행사를 통해 신청할 수 있다. 출발 직전 공항에서 가입할 수도 있지만, 같은 내용이라도 공항에서 가입하는 보험료가 제일 비싼 편이다. 가능한 출발 전에 미리 가입해 놓도록 한다. 환전 시 이벤트로 제공하는 무료 여행자보험은 보장 내역을 잘 살펴볼 것. 꼭 필요한 내역이 빠져 있는 경우도 있다.

증빙서류 챙기기

보험증서에 첨부해주는 진단서 양식과 비상연락처는 가방 안에 잘 챙겨둔다. 여행 도중 이용한 병원과 약국에서 받은 진단서와 치료비 계산서, 처방전, 영수증 등은 잘 보관해 두어야 한다. 휴대품을 도난당했다면 담당 경찰서에 가서 '폴리스 리포트(도난 증명서)'부터 받을 것. 서류가 미비하면 제대로 보상을 받기가 힘들다.

보상금 신청하기

귀국 후에 보험 회사로 연락해 제반 서류들을 보내고 보

여행자 보험 가입 시 확인해야 할 것

❶ 의료비 보상 내역 확인
여행자 보험이 가장 빛을 발하는 순간은 상해나 갑작스러운 질병으로 병원을 가게 되는 경우다. 의료보험에 가입되지 않은 외국인에게 청구되는 병원비는 상상을 초월하는 경우가 많다. 입원, 통원 치료비가 충분하게 보장되는지 확인한다.

❷ 휴대품 도난 보상 금액
일반적인 여행자가 가장 자주 겪게 되는 사건은 휴대품 도난이다. 3개월 미만의 단기 여행자보험에서 보험비가 올라가는 핵심요소 중 하나가 바로 도난 보상 금액. 이 부분의 상한선이 올라가면 내야 할 보험비도 늘어난다.

❸ 보험 혜택 불가 항목
보험사 정책에 따라서 보험 혜택이 불가능한 항목들이 있다. 특히, 위험한 액티비티 활동(사전 훈련, 자격증이 필요한 활동) 중에 일어난 상해나 모터보트, 오토바이 경기나 시운전 중 일어난 상해는 보상되지 않으니 미리 확인한다.

면세점 쇼핑

해외여행을 하는 재미 중의 하나가 면세점 쇼핑이다. 평소 눈여겨보았던 상품들을 세금이 면제된 가격으로 구입할 수 있는 찬스. 시중가보다 20~30% 낮은 가격에다 각종 할인 쿠폰과 적립금까지 적용하면 훨씬 저렴하게 구입할 수 있다.

도심 면세점

시내에 위치한 면세점은 출국 31일 전부터 이용할 수 있다. 백화점처럼 매장이 구성되어 있어서 직접 방문해서 쇼핑하기 좋다. 특히, 촉박한 시간 안에 공항 면세점을 즐길 수 없는 이들에게 안성맞춤. 국내 최대 브랜드 및 다양한 상품들을 보유하고 있어 외국인뿐 아니라 내국인도 즐겨 찾는다.

온라인 면세점

집에 편하게 앉아서도 면세점 쇼핑을 즐길 수 있다. 각 면세점 홈페이지에는 온라인으로 구매할 수 있는 면세품들이 브랜드별, 품목별, 인기제품별로 잘 정리되어 있다. 쇼핑할 시간이 부족한 여행자나행자나 지방 거주 여행자들에게 추천. 특히, 각종 적립금과 할인쿠폰 혜택이 쏠쏠하다. 일반 인터넷쇼핑과 비슷한 시스템이며 여권 정보와 항공편명, 출발 시간 등을 입력해야 한다.

공항 면세점

출국 심사를 마치고 난 다음부터 공항 면세점 구역이 바로 이어진다. 도심 면세점이나 온라인 면세점을 미처 이

용하지 못했다면 이곳의 매장들을 둘러보도록 한다. 직접 눈으로 봐야 하는 패션 소품들, 평소 향기를 맡아보고 싶었던 브랜드의 향수들을 체험해 볼 수 있다.

주요 도심 면세점

롯데면세점(본점)
주소 서울특별시 중구 남대문로30 롯데백화점 본점 9~12층
전화 02-759-6600/2 홈피 www.lottedfs.com

신라면세점
주소 서울특별시 중구 동호로249
전화 02-2230-3662 홈피 www.shilladfs.com

동화면세점
주소 서울특별시 종로구 세종대로149 광화문 빌딩
전화 1688-6680 홈피 www.dutyfree24.com

롯데면세점(부산점)
주소 부산광역시 부산진구 가야대로772, 롯데백화점 부산점 7~8층 전화 051-810-3880 홈피 www.lottedfs.com

신세계면세점(부산점)
주소 부산광역시 해운대구 센텀4로 15 신세계 센텀시티몰 B1/1F 전화 1661-8778 홈피 www.ssgdfm.com

입국 면세점 쇼핑

2019년 5월 31일 인천공항에 입국장 면세점이 들어선다. 면세 물품을 가지고 여행 다닐 필요가 없어서 한층 편리해지게 되었다. 단, 총 면세한도는 현행 600달러로 유지되며, 담배, 과일, 축산 가공품은 판매가 제한된다.

캄보디아 여행 주의사항 TOP 11

01 비자 팁 요구는 당당히 무시하세요.

씨엠립 공항 공무원들이 비자 신청을 받을 때 요구하는 일명 '1달러 비자 팁'이 악명이 높죠. 최근 줄어들고 있긴 하지만 여전히 볼 수 있는데요. 빨리 지나가겠다고 이에 응하다 보면 결국 이런 악행이 계속될 가능성이 높아집니다. 팁을 안 준다고 비자 신청을 거부하는 일은 결코 없으니까 걱정하지 마세요.

02 2달러는 소용없어요.

캄보디아는 미국 달러를 현지 화폐만큼 자유롭게 사용할 수 있는 나라입니다. 하지만, 2달러 지폐는 예외로 사용할 수 없으므로 가져가지 않는 것이 좋습니다. 또한, 찢어졌거나 조금이라도 손상된 지폐는 받지 않으므로 거스름돈을 달러로 받을 경우에 꼭 확인하세요.

03 물 조심 하세요.

캄보디아에서는 수돗물을 마실 수 없습니다. 우리나라처럼 최고 수준으로 수질 관리를 하는 나라에서 살다가 캄보디아로 여행을 떠나면 문제가 생길 수도 있습니다. 무조건 가게에서 판매하는 생수를 사 마셔야 하며, 만약 평소 물에 민감했다면 칫솔질을 할 때도 생수를 이용하는 것이 좋습니다.

04 아이들에게 돈을 주지 마세요.

캄보디아는 매우 가난한 나라로 길거리에서 구걸하거나 장사하는 아이들을 쉽게 볼 수 있습니다. 이들에게 물건을 사거나 돈을 줄 경우 점점 학교에 가지 않는 아이들이 늘어나게 됩니다. 사탕이나 먹을 것은 아이들 건강을 더 안 좋게 만들고요. 어린이를 돕고 싶다면 믿을 만한 자선단체에 정기적으로 후원하는 것이 가장 좋은 방법입니다.

05 유적을 보호해주세요.

앙코르와트와 유적들은 그 자체가 캄보디아인들의 자존심이라고 할 수 있습니다. 통행금지 표지판을 무시하고 들어가는 것, 성소에 노출이 많은 옷을 입고 들어가는 것은 금지되어 있습니다. 특히, 유적에서 사진을 찍을 때 인생샷을 남기겠다고 아무 데나 앉거나 들어가는 행동은 삼가세요.

06 승려들을 존중해주세요.

캄보디아를 여행한다는 것은 캄보디아의 불교와도 만나는 일입니다. 특히, 거리나 유적에서 주황색 옷을 입은 승려들과 자주 마주치게 되는데요. 사진을 찍으려면 반드시 허락을 구하고, 여성의 경우 승려들을 절대 만져서는 안 됩니다.

07 물건 살 때 흥정은 적당히

올드마켓, 나이트마켓에서 물건을 살 때는 흥정이 기본입니다. 가격표가 붙어 있지 않기 때문에 상인들은 으레 높은 가격을 부르는데요. 무조건 최저가에 사겠다고 상인과 얼굴을 붉히는 행동은 하지 않는 것이 좋습니다. 다른 가게에서도 비슷한 상품을 팔고 있을 테니까 여러 군데를 둘러보면서 여유를 가지세요.

08 오토바이는 익숙한 사람만

씨엠립은 대중교통이 발달하지 않아서 오토바이나 스쿠터를 빌리는 경우가 있는데요. 유적 주변으로 포장되지 않은 도로도 많고, 도로 사정도 안 좋기 때문에 운전 경험이 많은 사람만 대여하는 것이 좋습니다.

09 병원에 갈 일은 만들지 않도록 하세요.

캄보디아의 병원이나 의료 기술은 낙후한 편입니다. 특히, 씨엠립에서 큰 사고가 일어나면 수도인 프놈펜의 병원으로 가야 합니다. 거기서도 감당이 안 되면 인근 국가의 병원까지 후송하는 경우도 있다고 하네요.

10 신용카드는 안 쓰는 것이 좋아요.

캄보디아는 아직 신용카드가 대중화되지 않았습니다. 신용카드를 받지 않는 숙소와 식당이 많고, 받더라도 수수료를 고객이 부담해야 하는 경우가 있습니다. 비상용으로만 가져가세요.

11 도난 사고를 조심하세요.

씨엠립은 대체로 안전한 여행지지만, 외국인 여행자들을 노리는 자잘한 도난 사고는 일어납니다. 숙소에 둔 귀중품이 사라지거나 거리에서 휴대폰을 날치기하는 일이 종종 있습니다. 귀중품은 언제나 여행자와 한 몸처럼! 도난 방지의 제1수칙입니다.

찾아보기

쇼핑 · 엔터테인먼트

숙소

앙코르와트 100배 즐기기

초판 2쇄 인쇄 2020년 1월 28일
초판 2쇄 발행 2020년 2월 5일

지은이 김준현

발행인 양원석 **편집장** 고현진 **책임편집** 고현진
디자인 이경민 **영업마케팅** 윤우성, 김유정, 유가형, 박소정

펴낸 곳 (주)알에이치코리아
주소 서울시 금천구 가산디지털2로 53, 20층(가산동, 한라시그마밸리)
편집 문의 02-6443-8891 **도서 문의** 02-6443-8800
홈페이지 http://rhk.co.kr
등록 2004년 1월 15일 제2-3726호

ISBN 978-89-255-6640-5(13980)

※이 책은 (주)알에이치코리아가 저작권자와의 계약에 따라 발행한 것이므로
　본사의 서면 허락 없이는 어떠한 형태나 수단으로도 이 책의 내용을 이용하지 못합니다.
※잘못된 책은 구입하신 서점에서 바꾸어 드립니다.
※책값은 뒤표지에 있습니다.